青少年 科普图书馆

图说生物世界

把舌头当鼻子用的蛇

——爬行动物

侯书议 主编

上海科学普及出版社

图书在版编目（ＣＩＰ）数据

把舌头当鼻子用的蛇：爬行动物 / 侯书议主编. —上海：上海科学普及出版社，2013.4（2022.6重印）

（图说生物世界）

ISBN 978-7-5427-5609-1

Ⅰ. ①把… Ⅱ. ①侯… Ⅲ. ①爬行纲－青年读物②爬行纲－少年读物 Ⅳ. ①Q959.6-49

中国版本图书馆 CIP 数据核字(2012)第 271701 号

责任编辑 李 蕾

图说生物世界

把舌头当鼻子用的蛇——爬行动物

侯书议 主编

上海科学普及出版社

（上海中山北路 832 号 邮编 200070）

http://www.pspsh.com

各地新华书店经销 三河市祥达印刷包装有限公司印刷

开本 787×1092 1/12 印张 12 字数 86 000

2013 年 4 月第 1 版 2022 年 6 月第 3 次印刷

ISBN 978-7-5427-5609-1 定价：35.00 元

图说生物世界
编委会

丛书策划：刘丙海 侯书议

主　　编：侯书议

编　　委：丁荣立 文　韬 韩明辉

　　　　　侯亚丽 赵　衡 王世建

绘　　画：才珍珍 张晓迪

封面设计：立米图书

排版制作：立米图书

前　言

　　爬行动物是完完全全摆脱对水的依赖，并且征服陆地的第一批变温的脊椎动物。它们可以适应各种不同且变幻多端的生活环境，并壮大着自己的家族。

　　爬行动物一度辉煌，曾经主宰地球上亿年，它们不但统治着陆地，还统治着天空和海洋，它们可谓海、陆、空三界的主宰者。

　　恐龙作为爬行动物中一颗耀眼的"明星"，已经灭绝了，而现在依然活着的爬行动物有鳄鱼、蜥蜴、壁虎和蛇等。

　　爬行动物家族虽说没落了，也找不到当年的王者风范了，但是，现在在世界的各个角落，还能够看到它们家族成员的身影。

　　爬行动物成员众多，大多身怀绝技，有会喷火的火蜥蜴；有会做俯卧撑的蜥蜴；有眼睛会喷血的角蜥；有会水上飞的蛇怪蜥蜴；有会上树掏鸟窝的吉拉毒蜥；有会装死的棋斑水游蛇；有会飞的天堂金花蛇；有会吞石头的尼罗鳄；有会"撑伞"的伞蜥；有会"缩骨大法"的海鬣蜥等等。

　　它们的长相、行为也千奇百怪，有长了三只眼的啄头蜥；有龟壳可以做婴儿摇篮的象龟;有用眼神交流的密西西比鳄;有长两个头的双头蛇;有可以三年不吃东西的毒蜥;有欺软怕硬的绿鬣蜥;有借别人洞穴逃生的快步麻蜥;有像鳄鱼又像蜥蜴的鳄蜥……

　　在爬行动物的世界里,还有很多我们不知道的秘密,比如为什么鳄鱼在吃食物的时候会流眼泪? 蜥蜴为什么要断掉自己的尾巴? 蛇又是如何拿自己的舌头当鼻子用的?

　　总有太多的疑问困扰着我们。此刻,让我们带着众多的疑问,在众多身怀绝技的爬行动物的陪伴下,开始愉快的阅读之旅吧!

目 录

爬行动物家族的辉煌史

爬行动物之最

爬行动物的绝技

千奇百怪的爬行动物

揭开爬行动物的小秘密

 # 爬行动物家族的辉煌史

关键词：爬行动物、无孔亚纲、双孔亚纲、鳄目、喙头蜥目、有鳞目、龟鳖目

导　读：爬行动物是统治陆地时间最长的一个动物家族，从古至今，地球上还没有任何其他家族的生物有过爬行动物如此辉煌的历史呢！

统领海陆空大军的"楚霸王"

013

生命起源于海洋,而真正脱离海洋生活的第一批变温脊椎动物便是爬行动物。在当时,祖祖辈辈都生活在海洋中的爬行动物,不甘心一辈子只生活在暗无天日的海洋中,它们就带着征服陆地的心,最终登上了陆地。最初登上陆地的时候,它们还有些不适应陆地上面的环境,不过,生命力极强的它们很快就适应了。也是在这个时候,它们家族开始不断地壮大,最终,它们成功地征服了整个地球,并成为主宰地球的"楚霸王"。

中生代,在地球生物史上是一个举足轻重的年代,在那个重要的年代里,爬行动物有着辉煌的统治史,有着至高无上的统治权,没有其他生物有能力取代爬行动物"楚霸王"的地位。它们不但统治着陆地,还统治着海洋和天空,成为横跨海、陆、空三界的三军统帅。爬行动物是统治陆地时间最长的一个家族,从古至今,地球上还没有任何其他家族的生物有过爬行动物如此辉煌的历史呢!

爬行动物到底出生在哪个年代呢?最早的爬行动物出生在距今有 3.2 亿 ~3.1 亿年的石炭纪晚期。它的祖先是迷齿亚纲的爬行类动物。迷齿亚纲是比较原始的两栖类动物,由于其牙齿的釉质层面上呈现出迷路构造,所以被称为迷齿亚纲。而最古老的爬行类动物林蜥就被认为接近两栖类。

爬行动物出生不久之后,便开始朝着不同的方向演化了。演化的方向大致可以分为两个方向：一个是朝着无孔亚纲的方向演化；另一个是朝着双孔亚纲的方向演化。

无孔亚纲的爬行动物都长着坚硬的头颅骨，但是没有颞颥孔，有眼睛、鼻孔以及脊椎相对应的洞孔。生物学家认为，目前仅存的无孔动物只有乌龟一种。但是，最近科学家发现，乌龟在经过很多代之后，出现了和其祖先性状相同的现象，这种现象在生物学中称为返祖现象，返祖现象有利于增加它的自身保护。

双孔亚纲不但有坚硬的头颅骨，而且头颅骨上还长有两个颞颥孔，都位于眼睛的后方。双孔亚纲在进化的时候，也是朝着两个分支

进行的：一个朝着鳞龙类；另一个朝着主龙类。鳞龙类的动物包括蜥蜴、蛇和啄头蜥，甚至还可能包括一些中生代早已灭绝的海生爬行动物；主龙类的动物主要包括现代的鳄鱼和鸟类，还有一些已经灭绝的恐龙和翼龙目。

爬行类动物在石炭纪末期，虽说已经走出了海洋，走向了陆地，并在陆地上生活的优势已经凸现出来，但是还不能完全远离海洋，只能选择在水边生活。这些生活在海洋附近的古老爬行动物体型都比较小，最原始的爬行动物林蜥的身长也不过 20~30 厘米。但是，在石炭纪末期的时候，爬行动物已经开始从小体型向着大体型演化了，其中比较突出的有基龙和异齿龙。

到了二叠纪时期，无孔类爬行动物比较繁盛，而双孔类爬行动物不但不繁盛，而且体型比较矮小。随后，地球发生了二叠纪—三叠纪大灭绝事件,导致 70% 的陆生脊椎动物灭绝,大部分的无孔类爬行动物也没有幸免。现在唯一幸存的无孔类爬行动物可能就是龟鳖类。

这次大灭绝事件,毁灭了地球上大部分的物种,但却成全了主龙形下纲家族的成员,并使主龙形下纲家族的成员成了陆地上的优势动物。最初的主龙类已经拥有直立的四只脚,可以行走,并在极其短暂的时间内演化成了很多物种,包括恐龙、翼龙目、鳄形超目和其他三叠纪的主龙类。

从三叠纪后期到白垩纪末期,恐龙统治着整个地球,成为地球的霸主。这个时代也因此被称为"恐龙时代",也有人称为"爬行动物的时代"。

鳞龙形下纲的动物可能很多都演化成了海生爬行动物,如幻龙目、沧龙科、蛇颈龙科等;还有一些演化成了陆栖小型爬行动物,如蜥蜴、蛇、蚓蜥等。

在白垩纪—第三纪灭绝事件发生之后,有很多恐龙、海生爬行动物以及大部分的鳄形类动物相继灭绝,爬行动物从此一蹶不振,家族开始走向衰败。在新生代时期,鸟类和哺乳类动物开始繁盛,取代了爬行动物在地球上的统治地位,随后出现了"哺乳动物的时代"。

现在的爬行动物已经没有当年的王者风范了,但是它的族类在地球上的种类还是比较繁盛的,大约有 8200 种,在脊椎动物中的种类数量仅次于鸟类,排在第二位。现存的爬行动物中,有一半都是蛇类。

爬行动物的四大家族

爬行动物,又叫爬行类或爬虫类,它们都属于脊椎动物。我们已经说过,爬行动物在脊椎动物中种类数目仅次于"冠军"鸟类,而成为亚军。爬行动物分为四个目,分别是:鳄目大家族、喙头蜥目大家族、有鳞目大家族和龟鳖目大家族。

提到鳄目大家族的时候,想必很多人已经想到了鳄鱼。没错,鳄鱼正是鳄目大家族的成员。鳄鱼曾经和恐龙生活在同一个时代,恐龙都消失了,只有它还活到现在,成为迄今发现的最原始的动物之一。目前,鳄目有 23 种,其中包括扬子鳄、长吻鳄、短吻鳄以及凯门鳄等。

鳄目家族的成员主要生活在热带和亚热带的河流与湖泊当中。它们的体型都很大,体长可以达到 10 米,外形长得像蜥蜴,腭很强大,长有很多的锥形牙齿,四肢粗壮短小,还有爪子,趾间长有蹼。最让人惊讶的是它身上长着的大型坚甲,可以称得上是天生的防身武器。鳄鱼不但有防身武器,还有攻击别人的武器,那就是它那粗壮且侧扁的尾巴,只要遇到敌人或猎物,它就会使用这个武器攻击它们。

鳄鱼都不吃素，而特别喜欢吃肉。鳄鱼的寿命十分长，可以活到150岁。

鳄目大家族的成员可以横行在水中和陆地上。鳄鱼可是游泳健将，因为它可以像鱼一样在水中游泳，所以有人才给它取名鳄鱼。

虽然鳄鱼名字之中带有"鱼"字，但是它可不是鱼类噢！鳄鱼并不能像鱼一样在水中呼吸，而是通过将自己的鼻孔伸到水面上才能进行呼吸。它喜欢在水中捕食鱼、蛙和一些小型兽类。

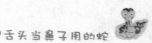

　　喙头蜥目大家族出生在三叠纪初期，是楔齿蜥属两种似蜥蜴的动物，那个时候，它家族的成员还是比较多的，但是，随着历史的变迁，喙头蜥目大家族开始衰败，直到现在，还剩下两个种：一种名叫斑点楔齿蜥，另一种名叫兄弟岛楔齿蜥；它们都生活在新西兰的小岛上。

　　有鳞目大家族的数量众多，在爬行动物中是最大的一个家族，这个家族的成员有我们最熟悉也最害怕的蛇，还有蜥蜴和蚓蜥。这个家族的成员遍布在世界的各个角落,形态多种多样。它们的身体大多都是长形的,而且身上都长有角质鳞片,而且没有骨板。蜥蜴的前后肢比较发达,而蛇的前后肢已经退化得看不见了。

　　龟鳖目大家族的成员都被称为龟,它们一出生便背着一个坚硬的甲壳,这个甲壳可以很好地保护自己。一旦遇到敌人,它们就会将自己的头、四肢和尾巴缩进龟壳,变成了一个真正的缩头乌龟。龟不但可以生活在水中,还可以生活在陆地上。它也是一种喜欢吃肉的肉食动物。龟一般都是很长寿,而且已成为长寿的象征。

 爬行动物之最

关键词：咸水鳄鱼、侏儒鳄、科莫多巨蜥、萨氏巨蜥、大壁虎、雅拉瓜壁虎、绿水蚺、盲蛇、太攀蛇

导　读：在爬行动物家族中，有的个体最大，有的个体最小，也有的个体最毒。

世界上最大的鳄鱼：咸水鳄鱼

　　咸水鳄鱼，别名河口鳄、咸水鳄、马来鳄、湾鳄。在所有的鳄鱼类中，是体型最大的一种。同时，在咸水鳄鱼生活的地区，它是属于霸主级别的。它几乎没有什么天敌，换句话说，它只有想吃谁的份，而没有别的动物敢招惹它。除此以外，咸水鳄鱼还是世界上现存的最大爬行动物。

　　咸水鳄鱼喜欢生活在热带和亚热带的沿海水域、沼泽地、湿地等，在泰国、马来西亚、澳大利亚、巴布亚新几内亚、印度等地都有它的踪迹。

咸水鳄鱼的身体一般长 4~7 米，体重在 600~1400 千克之间。它的吻又窄又长，眼睛很大，呈卵圆形，并向外突出，耳孔长在眼睛的后面，细小狭窄。背部为深橄榄色或棕色，尾巴粗壮且侧扁，长度超过了头部和身体的总长，很适合用来攻击敌人。它的四肢十分粗壮，后肢比前肢还要长。

　　咸水鳄鱼是所有鳄目大家族中唯一没有大鳞片的鳄鱼，所以就有人给它起了一个外号：裸颈鳄。

　　沼泽、河口以及红树林等地的沿海或潮汐带都是咸水鳄鱼居住的首选。在那里，它可以捕食大型鱼类、螃蟹和海龟等。我们都知道海龟的甲是十分坚硬的，但是，再坚硬的海龟甲也会被

咸水鳄鱼给咬得粉碎,可见它的牙齿有多锋利!

　　咸水鳄鱼不但只吃海里游的,而且还吃陆地上的兽和天上飞的鸟。在陆地上,如果遇到了野鹿、野牛或野猪,它都会向它们发动袭击,一口下去,就能咬断它们的脖子和骨头。

　　更让人恐惧的是,咸水鳄鱼曾经有攻击过人类的记录,并将人

类的尸体给吃掉。有时候它还会袭击船只，所以又有人给它取名"食人鳄"。

咸水鳄鱼喜欢隐藏在水里，只将眼睛和鼻子露出水面。它也常常会在中午的时候浮在水面，晒一会儿太阳。咸水鳄鱼的耳朵和眼睛十分灵敏，即便是在夜间，它也能够观察到周围的动静。听说小的咸水鳄鱼眼睛还带红光呢！

咸水鳄鱼的领地意识比较强烈，特别是雄性鳄鱼。如果谁不小心闯进了它的地盘，它就会向你发动攻击。所以，没事的时候，还是尽量不要闯入它的地盘。

咸水鳄鱼如此厉害，几乎很少有动物敢去招惹它，但是，在缅甸，有人就甘愿冒着生命危险去捕杀咸水鳄鱼。其实，他们是为了吃到咸水鳄鱼的肉。咸水鳄鱼的肉不但味道十分鲜美，而且肉中还含有很多的蛋白质，可以补充人体内所必需的氨基酸。除此之外，它的肉还含有高级不饱和脂肪酸和多种微量元素，可以给人体提供很高的营养价值。

咸水鳄鱼既可以生活在水中，也可以生活在陆地上，使它的肉兼有水生动物和陆生动物的鲜美。特别是含有一种高效抗体和构造奇特的血红蛋白，有助于人类提高自身的免疫力和血液摄氧能力。

或许你看到咸水鳄鱼身上的皮，你全身就会起鸡皮疙瘩。但是，这种鳄鱼皮可以用来制作皮鞋、手提包、腰带等,还可以用来制作精贵的装饰品或艺术品,价格昂贵,在国际上很畅销。

　　人类真是天下无敌啊！不但把咸水鳄鱼的肉吃了,把它的皮制作成了皮制品,还把它的头、牙、脚、爪以及脊背加工成为一种工艺品。可见,实在是没有比人类更精明的动物了。

　　不过,有幸的是,生活在澳大利亚和巴布亚新几内亚地区的咸

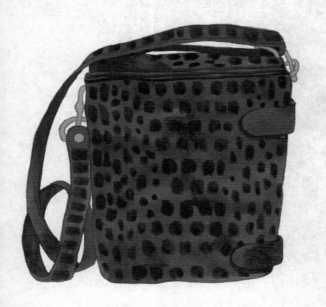

水鳄鱼,已经得到当地国家的保护,在那里,政府规定不得随意捕杀咸水鳄鱼,并且不得在咸水鳄鱼生活的地区进行一些工业生产等污染环境的活动。

世界上最小的鳄鱼：侏儒鳄

侏儒鳄在所有的鳄鱼当中是最小的，身长只有 1.5 米，堪称世界上最小的鳄鱼。

侏儒鳄，又名非洲侏儒鳄、西非矮鳄。从它的名字就可以看出它主要生活在哪个地区，在非洲的中部和西部以及安哥拉，贝宁湾，布基纳法索，喀麦隆，刚果，赤道几内亚，加蓬，冈比亚，几内亚，利比里亚，马里，尼日利亚，塞内加尔，塞拉利昂，多哥等地区的沼泽、湿地、池塘等地，都能看到侏儒鳄的身影，事实上，这些淡水区域也很适合它们的生活。

在幼年的时候，侏儒鳄的身体为浅咖啡色，还夹杂着一些黑色的斑点和短条纹。到了成年的时候，它身体的颜色就会变成暗咖啡色。侏儒鳄身体的构造与其他的鳄鱼也有不同，其他的鳄鱼一般只在背部才会长有鳞片，而侏儒鳄的腹部也长有很多像盔甲一样的鳞片。造成这一现象的原因可能是，侏儒鳄在长期的进化过程中，由于不处于食物链的顶端，容易受到威胁或攻击，才在腹部长有盔甲一样的鳞片，以保障自身的安全。

　　侏儒鳄是一种很调皮的鳄鱼。由于它身体小巧玲珑，它学会了爬树的本领，而且还常常喜欢爬到树上晒太阳。由于侏儒鳄的身体并不大，所以，一旦发现有危险或者天敌出现，它就会马上跳下树来，随之潜入水中，将自己隐藏在河底的洞穴里。

　　侏儒鳄是一个"夜猫子"，喜欢夜里在森林中活动。一到夜晚，它就出来觅食，其中青蛙、螃蟹以及一些鱼类，常常成为它腹中的美食。

033

　　侏儒鳄的胆子很大,常常喜欢独自出来活动。原来,侏儒鳄属于独居动物,并不喜欢群居生活。

　　但是,有一个时段是个例外,即在侏儒鳄到了交配季节,雌性侏儒鳄和雄性侏儒鳄就会住在它们用腐烂的植物和泥巴搭建的"洞房"里,度过一段美好的时光。在这个简陋的"洞房"里,它们能生出10~17 只鳄鱼蛋,然后再由这些鳄鱼蛋孵化出新一代的小侏儒鳄。

世界上最大的蜥蜴：科莫多巨蜥

科莫多巨蜥不但和恐龙生活在同一个时代，而且还和恐龙是近亲。如今恐龙已经灭绝好多年了，而恐龙的亲戚科莫多巨蜥却坚强地活到现在。

我们都知道恐龙的体型十分庞大，它亲戚的体型是不是也一样庞大呢？没错，科莫多巨蜥在所有的蜥蜴当中是最大的一种，体长达3米，体重可以达到135千克，身上的皮肤比较粗糙，并长有很多隆起的疙瘩，它是世界上26种巨型蜥蜴中唯一长有牙齿的蜥蜴，牙齿巨大且锋利。科莫多巨蜥就像个哑巴，很少能够发出声音，只有在被激怒的时候才会发出细微的"嘶嘶"声。

科莫多巨蜥堪称动物界的冷血杀手，性情凶猛，几乎没有天敌。只有爬行动物界最大的咸水鳄鱼才敢招惹它。它捕食动物的时候十分凶狠，甚至连自己同类的幼崽也敢吃。它经常埋伏在道路旁边，等到有猎物经过，便会突然扑上去，将猎物扑倒在地，咬断猎物的后腿，让猎物无法逃走，然后用锋利的牙齿咬断猎物的喉咙或撕裂猎物的腹部，使猎物瞬间丧命。无论是科莫多巨蜥锯形状的牙齿，还是

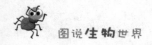

它那强有力的脚爪，都能将猎物撕成碎片，并迅速吞下。科莫多巨蜥还会将吃剩下来的食物埋在沙土或草堆里，等到饿了时，再扒出来吃。

它的凶狠足以让见到它的野猪、野鹿、山羊以及猴子闻风而逃，就连人类对它也有所畏惧，因为它偶尔也会攻击人类。

科莫多巨蜥喜欢吃的食物有野猪、野鹿和山羊等动物，偶尔也吃一些腐烂的动物尸体。世界上大多数的动物的嗅觉都是依靠鼻子，而科莫多巨蜥的嗅觉器官不是鼻子，而是舌头。我们平常见到它

的时候，它都是一边晃动着脑袋，一边吐着舌头，它舌头上的嗅觉器官十分灵敏，可以嗅出方圆 1000 米以内动物尸体腐烂的气味，然后找到它们，将它们吃掉。

　　科莫多巨蜥在吃食的时候都是狼吞虎咽的，有时候，一不小心吃得太多，随后的六七天里都不用再吃食了。吃饱后科莫多巨蜥喜欢在沙滩上或岩石上晒太阳。

　　众多的科莫多巨蜥在一起进食的时候是有规矩的，并不是同时进食，而是由体型较大的雄性先吃，然后是自己的亲朋好友，最后才

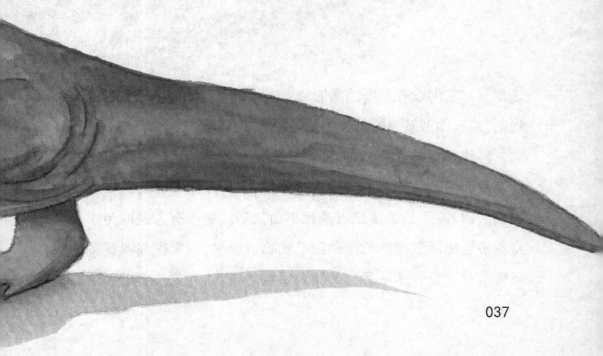

是那些与它们没有亲属关系的陌生人。如果有谁破坏了它们的
规则，那些体型较大的就会用尾巴教训那些体型较小的。

　　科莫多巨蜥不喜欢注意个人卫生，全身都很脏，特别是它
的唾液，含有很多的细菌，即便是如此，它却从来不会清洗自己
的口腔，口腔里的细菌足以杀死小白鼠了。曾经有人误以为是
科莫多巨蜥唾液里的细菌杀死了猎物。后来，科学家在科莫多
巨蜥的身上发现了一种比细菌更厉害的东西，那就是它下颚上

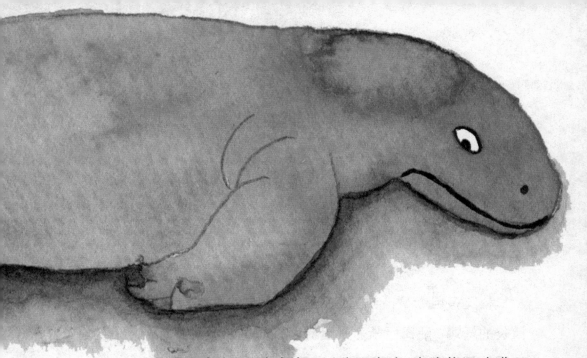

发达的腺体,这种腺体可以分泌毒液,毒液能迅速进入猎物的血管,使猎物在来不及挣扎的时候就昏迷了。曾经有人被科莫多巨蜥咬伤后,血流不止,甚至可以长达三四个小时。

科莫多巨蜥在陆地上是几乎是无人能敌的,它在水中又怎么样呢?它在水中也同样厉害,还是一个游泳高手呢!在水中待上几十分钟那是没有问题的。没事的时候,它就可以下水游泳,顺便在水中捉些鱼类,当作自己的美餐。

由于科莫多巨蜥的皮十分昂贵,有人就捕杀它们,到目前为止,世界上所剩下的科莫多巨蜥还不到 2000条,成为世界上最珍贵的动物之一。为了防止科莫多巨蜥灭绝,印度政府已经对科莫多岛进行了保护。

世界上最长的蜥蜴：萨氏巨蜥

科莫多巨蜥是世界上最大的蜥蜴，但是并不意味着它是世界上最长的蜥蜴。萨氏巨蜥才是世界上最长的蜥蜴。根据现藏于英国国家博物馆馆内的萨氏巨蜥标本显示，最长的萨氏巨蜥全长可达4.5米，而且尾巴的长度是躯干的2倍。

萨氏巨蜥长尾巴的长度是躯干长度的2倍，还具有一些特殊的功能与需求。

首先，萨氏巨蜥属于主要过树栖生活的蜥蜴，它喜欢爬到树上玩耍、睡觉，这样一来它就可以用长尾巴缠绕在树干上，提高自身的安全系数。

其次，长尾巴对于萨氏巨蜥而言还是一个很大的武器，因其尾巴细长而有力，就像一条钢鞭一样。当它受到威胁时，会用尾巴横扫过去，对其他动物造成恐吓，乃至致命威胁。

萨氏巨蜥虽然体型较长，但是它的重量远远没有科莫多巨蜥的重量大。因此，它就显得相当瘦长与苗条。

萨氏巨蜥除了一条长长的尾巴，还有一个圆形的鼻孔，比较接

041

近吻部,身体大多地方都是黑色的,有的地方也长有黄色斑纹,在躯体和尾巴上长有横纹。样子看来与鳄鱼比较接近,所以萨氏巨蜥别名又叫鳄鱼巨蜥。

萨氏巨蜥主要生活在巴布亚新几内亚的南方海岸,那里有很多的沼泽地,很适合萨氏巨蜥生活。前面说过,萨氏巨蜥主要过树栖生活,因此,它堪称一个爬树高手,它把大部分的时间都留在树上。

萨氏巨蜥在树上,除了休息,还喜欢去树上的鸟窝偷吃鸟蛋;有时候也会捕捉小鸟吃。它除了爱吃鸟蛋和小鸟,还喜欢吃青蛙、爬虫以及小型哺乳动物。

世界上最大的壁虎：大壁虎

提到大壁虎的名字，大家肯定能想到它就是一种很大的壁虎。确实，它在所有壁虎中的地位就是"大"，它是世界上最大的壁虎，所以有人干脆就给它取名：大壁虎。

大壁虎属蜥蜴目壁虎科壁虎属。它的中文名字有很多别称，比如蛤蚧、仙蟾、蛤蚧蛇、哈蟹等，台湾地区也常常称其太守宫。

大壁虎的长相和一般的壁虎差不多。不过，一般的壁虎的体长只有几厘米，而大壁虎的体长可达 12～16 厘米，尾巴长 10～14 厘米，体重在 50～100 克间。

大壁虎的头比较大，为呈扁平的三角形，和癞蛤蟆的头长得十分相似。在头上长着两只大大的眼睛，而在它那张大嘴巴里长着很多细小的牙齿。大壁虎的脖子短而粗，全身长着颗粒状的细鳞，使得皮肤显得十分粗糙。

大壁虎有很多种颜色，基色就有灰褐色、深灰色、黑色、黑褐色、青黑色、青蓝色、灰蓝色、锈灰色等。头部和背部的颜色也多种多样，有黑色、深灰色、褐色、蓝褐色的横条纹。它的身上还散布着 6~7 排

044

的白色、灰白色或灰色斑点，以及不规则的宽横斑。大壁虎的四肢不是很发达，但是，它靠着四肢却可以飞檐走壁。

这是因为大壁虎的四肢上长着数以百万计的被称为"刚毛"的细小绒毛。每根刚毛大概有100微米长，在刚毛的顶端有上千个更加细小的分叉，这些分叉又能够和外界物体表面的分子形成作用力。你可不要小看了这些刚毛，一根刚毛可以吸附一只蚂蚁，而这数以百万计的刚毛联合起来，就可以吸附125千克的重量。壁虎自身的重量很轻，所以能够在墙上来去自如。

大壁虎主要生活亚洲北回归线附近的亚热带地区的一些国家，如中国、越南、泰国、老挝、印度、印度尼西亚、菲律宾等。我国的大壁虎分布范围较广，在广东、广西、云南、福建以及台湾等地区，都可以看到它们的身影。

壁虎既可以生活在岩石的细缝之中，又可以生活在树洞之中。总之，一些天然的洞穴或藏身之所，皆能成为大壁虎的栖身之地。这些洞穴一般宽在15~30厘米，高3~6厘米之间，其深度也各不相同，最深的洞穴可以达到数米之深，这些洞穴虽然不是太大，但是足以让大壁虎在里面来去自如。

大壁虎食谱十分丰富，主要有蝗虫、蟑螂、土鳖、蜻蜓、蛾子、蟋蟀，以及其他小型蜥蜴和鸟类等。当它捕获到这些猎物时，它会用嘴

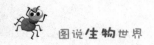　　　　

巴紧紧地咬住猎物不放，直到被捕获的猎物无反抗之力或窒息时，它才慢慢享受美味。

　　除了大壁虎的饮食特色之外，大壁虎的眼睛也藏着一个小秘密。

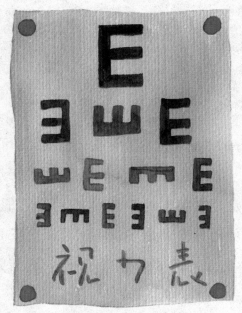

　　原来,大壁虎的视力白天和夜晚都是不同的。白天,大壁虎的视力很差,它又极其害怕见到强光的刺激,因此,它的眼睛总是眯缝成一条线,瞳孔也闭合起来。导致它看不清事物,进而无法分辨猎物。但是,一到了夜晚,大壁虎的瞳孔便可以放大 4 倍,使视力增强,这样一来,就非常方便它在夜晚活动或捕捉食物。

　　同时,大壁虎拥有着较好的听力,这样可以辅助它在抓捕食物时准确定位,并通过其他猎物的响动,判断其所在位置。当然,敏锐的听力也可以帮助大壁虎判断身处的环境是否存在着风险,一旦有对自身安全不利的声音或动静,它也会迅速逃跑。

绝活

大壁虎还有一个"绝活"：它的舌头十分灵活，可以伸到眼睛上，并可以舔掉眼睛上覆盖着的灰尘，以便它的视线更加清楚。

大壁虎的繁殖期在每年的 5~8 月，5 月是它们的交配产卵期，而在 6 月和 7 月的时候产卵最多，每次可以产下 2 枚卵。卵为白色，圆形，重 5~7 克，比鸽子的卵稍微小一些，这些卵可以黏附在岩石洞里的墙壁上。

这些卵，经过 35~45 天，就能够孵出小的大壁虎。但是，有些卵孵出来则需要更长的时间。孵出来的幼崽一出蛋壳，就有 8 厘米长。

大壁虎还有一个习惯，就是在每年冬天来临的时候，躲进洞穴之中进行冬眠，冬眠一般在每年的 10 月份到第二年的 3 月份，时间长达半年之久。

由于去掉内脏的大壁虎干体常被人们拿来当作药材，因此，曾发生大量捕杀大壁虎的事情，导致其数量日趋减少。目前，我国已经把大壁虎纳入二级保护动物名录，严禁捕杀。

世界上最小的壁虎:雅拉瓜壁虎

　　相信很多人都听说过加勒比海,因为那里是海盗经常出没的地方。但是,加勒比海除了海盗闻名,还拥有世界上很多最小的动物,全世界上最小的壁虎便生活在这里, 它不但是全世界最小的壁虎,还是世界上爬行动物中最小的一种,它的名字就叫:雅拉瓜壁虎。

　　最初在加勒比海上的小岛屿附近发现雅拉瓜壁虎的是美国宾夕法尼亚州立大学进化论生物学家赫吉斯博士和波多黎各大学的汤马斯博士。他们发现这种壁虎体长只有 1.6 厘米,卷曲身体的时候就像是一枚硬币,活动时十分敏捷。雅拉瓜壁虎皮肤比较柔软,身体短小,微微有些圆胖,脚上长着很多能够吸附墙壁的刚毛。雅拉瓜

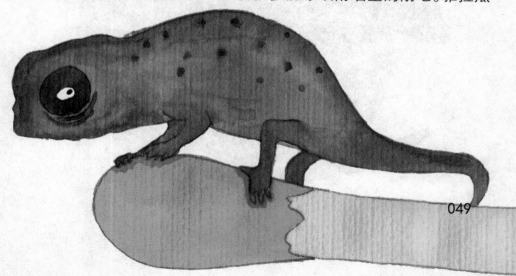

壁虎主要吃食岛上的一些昆虫。

在动物界，大的总是喜欢欺负小的，所以，在岛上，像雅拉瓜壁虎这样的小不点总是很受欺负的，而大蜥蜴、蜈蚣和一些蛇常常把它当做食物。

曾经有很多生物学家来到这个岛上对这里的动植物进行研究，但是很少有人能够发现这种幼小的雅拉瓜壁虎，目前，也没有人能够计算出这个岛上有多少雅拉瓜壁虎。不过，唯一能够确定的是，雅拉瓜壁虎的同伴确实很稀少，所以，现在雅拉瓜壁虎的名字已经被列在了濒危动物的名单当中。

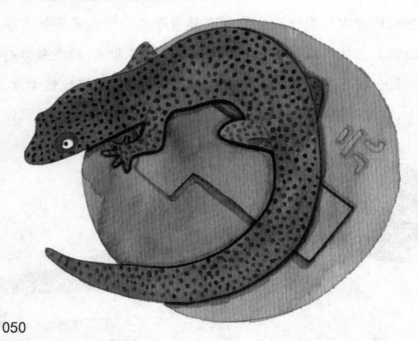

世界上最大的蛇：绿水蚺

　　绿水蚺是生活在亚马逊流域的一种巨蛇，雌性绿水蚺体长5~6.5米，雄性绿水蚺长5米，最长可以达到8.5米，体重一般在225千克，成为了世界上最大的蛇。

　　绿水蚺有着极强的战斗力，在所有的爬行动物中的战斗力都是数一数二的。它通常居住在泥岸或浅水中，因为那里有很多水鸟和海龟等动物可以供它捕食。有时候，它也喜欢捕食一些像野猪和水牛等大型的哺乳动物。不过，让人惊讶的是，它连2.5米长的凯门鳄都敢捕食。它捕捉动物依靠的不是毒液，而是它那强大的力气，它可以用自己的身体紧紧地缠着猎物，使猎物窒息而死。如果是一般的猎物，绿水蚺可以将它缠得粉身碎骨。绿水蚺凭借着自己庞大的身体和强大的缠绕力，曾经杀死过鳄鱼、野猪和美洲虎等凶猛的动物。如果是被它杀死的大型动物，它会将其整个吞下去。吞下去一条大型的凯门鳄，足以让绿水蚺几个星期都不用再进食。

　　绿水蚺喜欢在白天的时候出来晒太阳，而在夜间的时候才会出来活动。由于生活地的水源有限，所以在出去活动的时候，不会离开

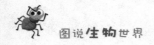

水源太远。很多动物有冬眠的习惯,但是绿水蚺却反其道而行,喜欢夏眠。在夏眠的时候,它会将自己埋在淤泥中,从而减少体内水分的蒸发。

　　绿水蚺为卵胎生,一胎可以生下 70 条左右幼小的绿水蚺。不知道是不是因为小绿水蚺的爸爸妈妈和凯门鳄有仇,所以很多幼小的绿水蚺就被凯门鳄给吃掉了。大的绿水蚺偶尔遇到凯门鳄,也会将凯门鳄杀死,然后吃掉。

　　生物圈中的食物链就是如此残酷无情,到处充满杀机。

世界上最小的蛇：钩盲蛇

钩盲蛇体型细小幼长，平均体长在 6 ~ 17 厘米，因而获得了世界上"最小的蛇"的称号。

钩盲蛇又称地鳝、铁丝蛇，属于盲蛇科钩盲蛇属。它的头呈半圆形，和脖子很难区分，眼睛极小且退化，呈现黑点状，牙齿细小，身体为圆柱形，虽然体表有一些小小的鳞片，但是整体来说还是比较光滑的，尾巴圆且钝，尾巴的末端呈现短刺状。整体看上去，让人误以为它是一条蚯蚓呢，所以有人还给它取名蚯蚓蛇。

钩盲蛇属于无毒性的蛇，主要生活在非洲和亚洲地区，如今，其种族已经遍布世界各地。

它喜欢生活在石头下、垃圾堆以及落叶堆等潮湿的地方。在下过雨的道路上，也常常能看到它的身影，不过，它爬行的速度十分迅速。

钩盲蛇属于单性繁殖的蛇类，主要由雌性钩盲蛇产出卵的形式繁殖后代，有时，它们亦能直接生出小钩盲蛇。看到这里，是不是感觉钩盲蛇的繁殖方式很神奇？

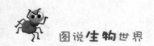

除了繁殖方式的神奇之外,钩盲蛇的遭遇也十分奇特:它常常被猫头鹰抓到巢穴中当免费的清洁工。

世界上那么多蛇,为什么猫头鹰偏偏选中盲蛇去充当清洁工呢?说到这里,我们还要从盲蛇的饮食爱好说起。

钩盲蛇主要以蚂蚁、昆虫和一些无脊椎动物为食,有时候也吃一些动物尸体腐烂后生出的蛆,而猫头鹰的巢穴中常常会剩下吃不完的食物,这些吃不完的昆虫和动物的尸体在巢中是一个累赘,于是,猫头鹰就将钩盲蛇抓到自己的巢穴中,让钩盲蛇帮它免费清理掉。

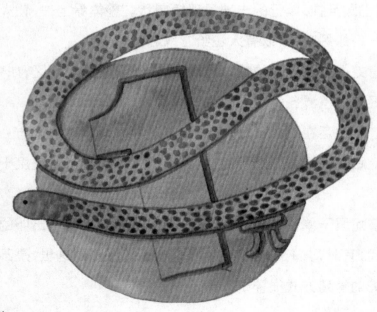

世界上最毒的蛇：太攀蛇

我们都知道，很多蛇的体内都含有毒液，不同的蛇体内含有的毒液的杀伤力各不相同。但是，哪一种蛇体内含有的剧毒才是最毒的呢？说到最毒，太攀蛇当仁不让，它的毒性比眼镜王蛇还要强上100倍！它一口咬下去所释放的毒液足以毒死100个成年人，也足以毒死50万只老鼠。

这种堪称世界上最毒的毒蛇主要生活在澳大利亚和新几内亚地区的树林和林地中。

因生活地区不一样，太攀蛇分成澳大利亚太攀蛇和新几内亚太攀蛇。澳大利亚太攀蛇的身体颜色为褐色，头部的颜色稍淡；而新几内亚太攀蛇的身体颜色呈乌黑色或褐色，沿着背脊还有一条橘色的条纹。不过两类太攀蛇有一个特征，即其头部狭长，看起来十分凶猛和恐怖。其中，澳大利亚太攀蛇的毒性还要高于新几内亚太攀蛇的毒性。

太攀蛇的身长一般都在2～3.6米之间，为卵生，每次可以产下3～22枚卵。

太攀蛇在世界上拿到两个"世界之最"，除了是世界上最毒的蛇，还是世界上攻击速度最快的蛇。

它能快到什么程度呢？快到在你的双眼还没有看清楚它咬你的时候，你已经被它咬过了。如果有人不小心被太攀蛇给咬了，他首先会七窍流血，随后出现眩晕，身体感到瘫软，呼吸困难，如果不能在几分钟内注射太攀蛇抗毒血清，很可能就会因窒息而死亡。

不过，太攀蛇还有温柔和善的一面，如果它不受到威胁和攻击，一般情况下，并不会主动发起攻击。相反，如果把其激怒并威胁到它安全的时候，它便会义无反顾地回击。

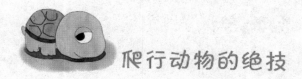

爬行动物的绝技

关键词：火蜥蜴、变色蜥蜴、角蜥、蛇怪蜥蜴、吉拉毒蜥、扬子鳄、棋斑水游蛇、天堂金花蛇、尼罗鳄、响尾蛇、白头蝰、长颈龟、伞蜥、海鬣蜥

导　读：爬行动物家族中，各自都拥有独一无二的绝技，或用于捕食，或用于自卫，或用于求偶……不一而足。总而言之，它们的行为妙趣横生、多姿多彩。

会喷火的火蜥蜴

火蜥蜴是一种很神奇的蜥蜴,它可以从嘴里喷出火花,而火焰的颜色会根据喷出的温度的不同而变化, 温度高的时候是猩红色的,温度低的时候是蓝色的。如果按照一定的规律喂它胡椒粉,即便你用火烤它,它也能够支撑 6 个小时而不死。当它遇到危险的时候,它就会将火焰吐向对手。如果对手太强大了,它就会逃进火炉中。再强大的对手估计也没有勇气跳进火炉中去追赶火蜥蜴吧?

火蜥蜴生活在墨西哥的一个小地方。别看它叫火蜥蜴,但它也是游泳高手,能够在水中自由地游泳。它的身体冰冷,不但可以喷火,还可以用自己的身体灭火。火蜥蜴会喷火已经让想袭击它的对手感到害怕了,但是,它身上的体液中还含有剧毒,更加让对手不敢接近它了。如果,有人不小心吃了火蜥蜴爬过的果实,就会立刻中毒身亡。

如果火蜥蜴的尾巴断了,9 天内就能长出新的尾巴。如果火蜥蜴的四条腿断了,可以在一个月内重新长出四条新腿。不但如此,即便火蜥蜴的肺脏、脊椎神经,甚至是大脑受伤了,都可以自动地生长出来。

为什么火蜥蜴有这么神奇的再生功能呢？科学家经过研究发现，原来火蜥蜴身体内长着一组特殊的基因组，这种基因组决定了火蜥蜴在受伤的情况下，身体的一些部位可以重生。

科学家发现火蜥蜴失去四肢之后还可以再生，就突发奇想，如果这种神奇的本领能够让人类学到，人类失去的胳膊和腿等身体器官就可以重新长出来，那将是一件多么令人振奋的事啊！

科学家带着这种美好的愿望，开始对火蜥蜴进行了研究。不过，目前还在试验的阶段，尚不能使人类拥有这种本领，不过，科学家还是对这种器官重生本领抱有强烈的希望！让我们共同期待那一天的到来吧！

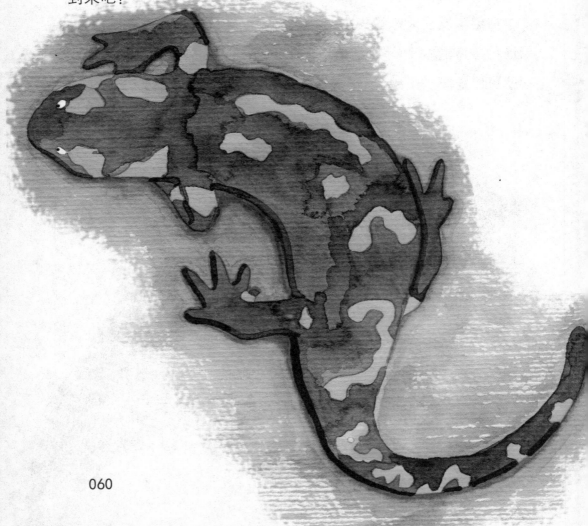

会做俯卧撑的变色蜥蜴

想必大家都听说过"俯卧撑"吧？俯卧撑是一种健身运动，可以锻炼强身。可是，就在爬行动物的世界里，科学家们惊奇地发现，也有一些会做俯卧撑的蜥蜴。

科学家经过对蜥蜴大量的研究观察，发现这些做俯卧撑的行为其实是对入侵它地盘的家伙的一种警告和示威。雌性蜥蜴的领土相对于雄性的领土范围比较小，因为雄性比较强悍，领土意识比较强烈。当有其他雄性蜥蜴进入它的地盘的时候，它就会趴在树干上做俯卧撑，借此来显示自己的体力旺盛，让入侵者不战而退。

对于其他动物来说，如果有敌人入侵自己的地盘，一般都是直接向对方发动进攻，很容易伤人伤己，但是聪明的蜥蜴会选择用俯卧撑的行为向对方展示自己的实力，警告对方赶快离开，否则，将会对它不客气了。如果对方看到它的实力，知趣的话，就会马上转身离开，这样就可以避免彼此间发生直接的肢体冲突，减少了不必要的伤害。

不过，发生在雄性蜥蜴之间的肢体冲突，都是十分凶残的，甚至

可以达到"不是你死，就是我亡"的地步，"俯卧撑"的出现，更好地避免了它们直接发生肢体冲突的行为。

这种做俯卧撑的现象在牙买加雄性变色蜥蜴中表现得更加突出。它们在做俯卧撑的时候十分有趣，喜欢一边做，一边晃动着脑袋。与此同时，它们脖子上颜色鲜艳的皮瓣也会随之扩张。雄性蜥蜴喜欢在黎明或黄昏的时候出来做俯卧撑，而这两个时间段，也是它们做俯卧撑最频繁的时段。

鸟类和其他种类的动物，也都会选择在黎明或黄昏的时候出来鸣叫，它们都是通过声音来传达警告或其他信息。雄性变色蜥蜴通过做俯卧撑，来传达视觉上的一种警告的行为，让科学家们感到极其震惊，因为这种行为在自然界中是十分罕见的！

眼睛会喷血的角蜥

角蜥在沙漠地区可谓是来去自如，很少有动物可以伤害到它，这倒不是因为它有多厉害，而是因为它有三大御敌法宝。第一件御敌法宝是它皮肤的保护色；第二件御敌法宝是它全身锋利的鳞片；第三件御敌法宝比较独特，不到生死存亡的时候，它不会轻易施展，那就是从眼睛中喷血。

角蜥到底是如何施展御敌法宝的呢？

第一件御敌法宝是它皮肤的保护色。

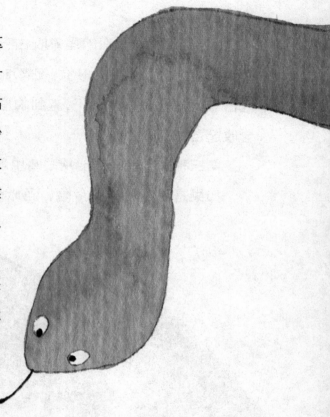

　　角蜥有很好的保护色，这种保护色和沙漠环境的色调一样，身上的棘刺又和植物的枯棘相似，很多动物都很难在沙漠中发现它，大大降低了被敌人攻击的机会。如果有敌人靠近它，它就会晃动身体使自己全身都钻进沙子里。不过，为了观察敌情，它还会将自己的头露出来。如果敌人走开了，它就会从沙土中钻出来。因为它的体色和沙漠的环境一样，它也可以守株待兔，等着那些发现不了它的猎物送上门来，然后趁它们不注意的时候将它们吞下去。

　　第二种法宝是它身上的鳞片。

　　这些鳞片像匕首一样十分锋利，在凶猛的敌人向它发动攻击的时候，可以刺穿对方的喉咙或皮肤。有时候比较凶狠的响尾蛇喜欢招惹角蜥，企图咬着角蜥的头部，并把它吞进肚子里，但是，角蜥也

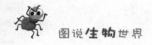

不是那么好欺负的,在响尾蛇咬住它的时候,它就会用锋利的鳞片刺穿响尾蛇的喉咙。这时候,疼痛难忍的响尾蛇就想将嘴里的角蜥吐出来,可是,角蜥却不干,直到响尾蛇流血过多而死亡之后,它才会收起自己的鳞片走开。

第三种法宝就是它能从眼睛中喷血。

如果是遇到一般的危险,角蜥是不会轻易使用这种御敌法宝

的，只有到了生死悬于一线的时候，它才会被迫使用。

有一些凶猛的动物十分狡猾，知道角蜥身上有很厉害的鳞片，它们不会像响尾蛇那样直接用嘴去咬，而是用爪子撕扯、踩踏它，直到将它折磨死为止。

当遇到这么残忍的对手时，角蜥马上会大量地吸气，使自己的身体迅速膨胀，闭孔肌压迫主血管，导致血管里的血压升高，强大的血压可以导致血管破裂，进而喷出鲜血，射程达 1~2 米。

人类的血管破裂就会有生命危险，而角蜥的血管破裂却不会有生命危险。对手看到了角蜥从眼睛中喷出来的鲜血，就会因为害怕变得惊慌失措，角蜥就可以趁着这个空隙逃走了。

这种神奇的角蜥长什么样子呢？

原来角蜥的体型长得和我们生活中所见到的癞蛤蟆有几分相似，因而它又叫"角蟾"。它的体长一般在 7.5~12.5 厘米之间，身体扁平，身体的背部为暗沙色或皮黄色，躯干为椭圆形，全身长满了像刺一样的鳞片，头部为红褐色，下面为黄色，在头部长有八个放射状排列的尖棘，同时，体表长有很多粗糙的鳞棘，也因此而得名：角蜥。

角蜥主要生活在美国、墨西哥和加拿大的沙质土壤地带，它能够利用身上的鳞棘挖掘沙土，并把自己的整个躯体用沙土覆盖掩藏起来，只露出头部，以观察周围的动静，并瞅准时机捕食猎物。当然

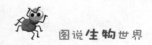
沙土也不会趁机钻进它的鼻子里，因为它的鼻子里有一层薄膜，可以防止沙土进入。

　　角蜥属于变温动物,在阳光强烈的白天或寒冷的夜里,它会将自己埋藏在沙土中,这样有助于它保持体温。只有到了温度适中的时候,它才会从沙土中爬出来觅食,它喜欢吃的食物主要是蚂蚁和昆虫。由于角蜥喜欢吃的蚂蚁数量越来越少了,加上角蜥生活的环境遭到了严重破坏,所以角蜥的数量每年也在逐渐地减少。因此,角蜥被纳入《濒危野生动植物物种国际贸易公约》的附录之中。

水上飞的蛇怪蜥蜴

在众多的武侠影视剧中,我们常常能够看到武林高手在水面上健步如飞地行走。我们都知道那是在影视剧中,现实生活中的人们没有如此高的本领。不过,有一种叫蛇怪蜥蜴的爬行动物却可以真正在水面上行走。

蛇怪蜥蜴为什么能够在"水上飞"呢?这和蛇怪蜥蜴的身体结构有着紧密的关系。

蛇怪蜥蜴的脚趾长得十分细长,而且脚的底部覆盖着很多鳞片,当蛇怪蜥蜴在水面上急速奔跑的时候,脚底会产生一种气泡,这种气泡对蛇怪蜥蜴产生一种向前的助推力,使蛇怪蜥蜴不会掉入水中。

蛇怪蜥蜴在水面上奔跑的时候还能够产生一种强大的横向力,使它在奔跑的时候保持身体的直立,如果奔跑的速度减慢,很有可能会掉入水中。即便蛇怪蜥蜴掉入水中,它也不怕被淹死,因为它也是一名游泳健将,在遇到敌害的时候,它大部分情况下就是依靠游泳逃生的。

蛇怪蜥蜴喜欢生活在中美洲热带雨林的河流旁边，它以小昆虫为食，但是那里的大型鸟和食肉动物却以它为食，因此，不论是天上飞的，还是地上爬的，都能给它的生命造成威胁。

　　为了保命，所以蛇怪蜥蜴练就了在水上飞的绝技，让那些天上飞的大型鸟和地上爬的食肉动物都拿它没办法。每当蛇怪蜥蜴遇到它们，它就会以迅雷不及掩耳之势跳进水中，要么在水中上演"水上飞"，要么在水中游泳。

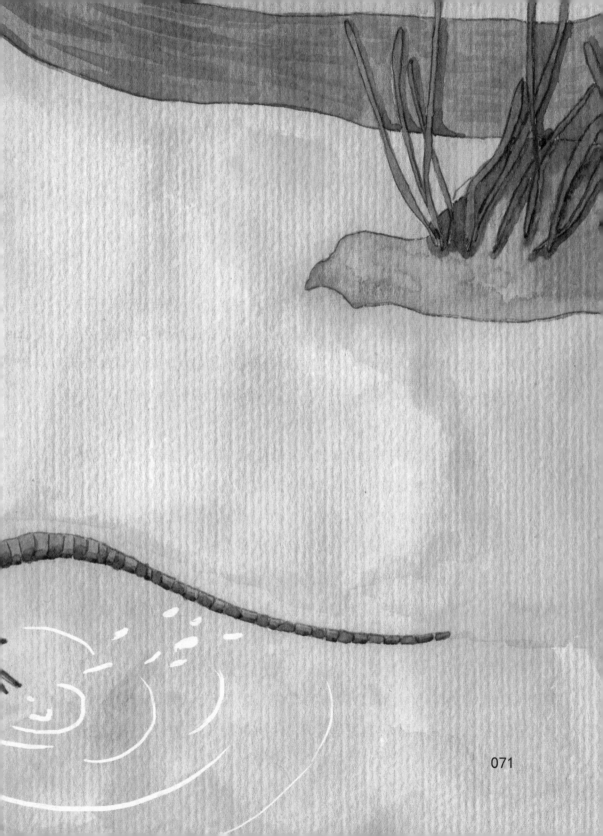

上树掏鸟窝的吉拉毒蜥

提到吉拉毒蜥的大名，在北美地区居住的人，可谓是无人不知、无人不晓！它是北美地区最著名的蜥蜴，也是美国最大的蜥蜴。别看这家伙走起路来十分缓慢，但是它却会爬树。它这会爬树的本领可没少给鸟类带来灾难啊！一旦饿了，它就会爬到树上偷吃幼鸟和鸟蛋。

吉拉毒蜥隶属于有鳞目毒蜥科毒蜥属，又名大毒蜥、钝尾毒蜥、希拉毒蜥，主要生活在美国西部和南部的地区。

吉拉毒蜥的头部比较大，属于"大头儿"级别的蜥蜴种类。它的身体颜色不一，通常情况下，其前端是黑色，后端是黄色；身长 38 ～ 58 厘米，覆盖有细小和不重叠的鳞片；它的舌头为粉红色，而且从中间分叉；体色斑斓呈深色，有黄色、粉红色或黑色的斑纹；它的尾巴很短，是储藏脂肪的器官。

吉拉毒蜥体形庞大，行动起来也比较缓慢、笨拙，但是，它却深藏剧毒。它的名字之所以叫"吉拉毒蜥"，就是因为体内有毒，其毒器便藏在它的下颌。这种毒是与生俱来的，毒性很强。它在捕食小型鸟

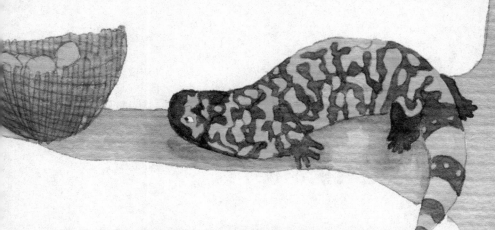

类和一些小蜥蜴的时候，就会用嘴里的毒液毒杀猎物，然后一口一口地将猎物吞下去。

一些喜欢冒险的人，常会去捕捉这种吉拉毒蜥，即便在被捕捉之后，吉拉毒蜥也会做垂死的挣扎，调头去咬捕捉它的人。如果不幸被它咬中，就会感到四肢麻痹，出现昏睡、休克、呕吐等症状。

吉拉毒蜥虽然很毒，但是不至于让人丧命，因为吉拉毒蜥的毒牙和毒腺都位于下颌，毒牙属于沟牙，毒液只能通过牙沟渗进唾液，然后进入被咬者的伤口，进入伤口的毒液量不会太多，而渗入伤口的速度也是缓慢的，所以很难致人死命。

即便是如此，也不要轻易尝试招惹吉拉毒蜥，因为一旦被它咬住，它就不会轻易松口，它会将自己身上的毒液慢慢地注入你的体内，导致你的胶原蛋白和静脉隔膜被阻断，从而引发极度疼痛和炎症。

会打洞的扬子鳄

扬子鳄，拥有锋利无比的爪子，它就是依靠这锋利无比的爪子进行打洞，然后进行穴居。不但它的爪子可以打洞，它的头部和尾巴，都能成为它打洞的工具。

俗话还说：狡兔三窟。扬子鳄比兔子还狡猾，它的洞穴不止三个。扬子鳄的洞穴不像其他动物的洞穴只有一个出口，一般都会有几个洞口，除了地面的入口和通气口，还有适合各种水位高度的侧洞穴。这些洞穴就像是一个纵横交错的地下迷宫，不但可以帮助它逃避敌害，还可以帮助它们度过寒冬。

扬子鳄只生活在中国，是中国的一种特有动物，它是世界上体型最小的鳄鱼品种之一，身长一般 1.5 米左右，很少有能超过 2.1 米的，体重大约可以达到 36 千克。它全身覆盖着革质甲片，腹部的甲片比较高，甲片上有很多颗粒状和带状纹路，背部为暗褐色或墨黄色，腹部为灰色，尾部为灰黑色或灰黄相间的手术纹。它的吻比较短而钝圆，眼睛为黑色，有眼睑和膜，可以自由地张开闭合。

它喜欢生活在湖泊、沼泽或长满乱草的潮湿地带，白天隐藏在

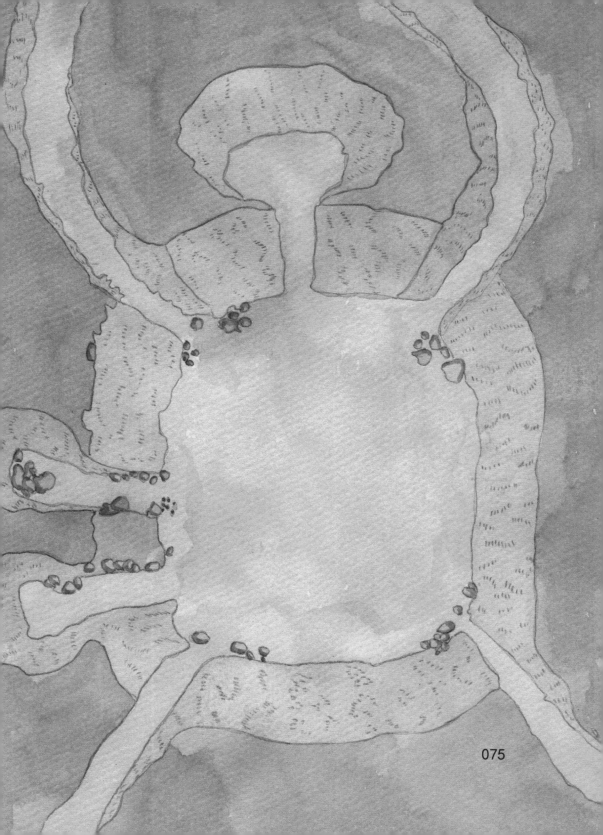

075

自己挖好的洞穴中，晚上出来寻找食物。有时候，它白天也会出来，不过大多时候是在洞穴附近的岸边或沙滩上晒太阳，然后美美地睡上一觉。当它睡觉的时候，喜欢紧闭双眼，趴在沙滩上一动不动。这个时候，可能会有敌人向它发动袭击。扬子鳄的反应十分灵敏，它会马上将自己粗壮的尾巴用力地甩向对方。如果它打不过敌人，就会迅速地跳进河里，潜入水底。

扬子鳄猎捕动物和攻击敌人也都是依靠它的尾巴。它的牙齿看上去很锋利，但是实际上都是槽生齿，不能撕咬和嚼咀猎物，在遇到猎物的时候，它只能用牙齿先

"夹着"猎物，然后在没有嚼咀的情况下将整个猎物吞进肚子里。

扬子鳄捕捉猎物有自己聪明的办法，对待陆生动物和水生动物各有一套。如果在遇到它不能直接咬死的陆生动物时，它会先将猎物拖进水中淹死；如果遇到不能直接咬死的水生动物时，它就会将猎物拖到陆地上，让猎物脱水而死。有些猎物身体很大，它又不能将猎物撕扯成小碎块，就会咬着猎物在石头或树干上来回地撞击，直到猎物被摔成碎块，它才会张开大嘴将猎物吞进肚子里。

那有没有扬子鳄摔不碎的猎物呢？有些猎物的皮很厚，还真摔不碎。那怎么办呢？扬子鳄虽然当时吃不了这些猎物的肉，它也不会扔了，它会将这些猎物放到一个地方，等这些猎物的肉腐烂之后，它再来吃。

扬子鳄不能嚼咀，只能将猎物大块地吞下去，会不会消化不良呢？当然不会啦！因为扬子鳄有一个特殊的胃，胃里有很多胃酸，胃酸的浓度特别高，有助于扬子鳄消化那些难以消化的食物。

扬子鳄生活的地方冬天比较寒冷，气温可以达到零度以下，但是鳄鱼很怕冷，所以就养成了冬眠的习惯。它冬眠的时候都躲在洞

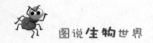
穴中。它的洞穴离地面有两米深，洞穴的构造也比较复杂，像是人类的别墅一般，有洞口、洞道、卧室、阳台、气筒、水潭等，十分温馨舒适。冬眠的时间一般从 10 月份到第二年的 4 月份中旬，总时间长达半年之久，也就是说，在一年之中，扬子鳄半年都在睡觉。在冬眠的初期和将要结束的时候，它睡得不是太深，如果受到外界的刺激，身体会有反应。在冬眠中间的这段时间里，它睡得就像死猪一样，看不到任何的呼吸现象。

半年后，扬子鳄苏醒了，首先做的第一件事就是补充能量。等到体力恢复之后，它们就开始寻找配偶进行繁殖了。它们在寻找配偶的时候，会发出一种叫声，在百米之外都可以听到。当雌性扬子鳄听到雄性扬子鳄的叫声之后，就会发出叫声回应。依靠这种彼此发出的信号，它们就能找到彼此。不久，它们就会用枯枝、杂草和泥土建筑一个圆形的巢穴，并开始产卵。卵是灰白色的，比鸡蛋稍微大些。扬子鳄会在卵上盖上厚厚的草。草在阳光的照射下会腐烂发酵，散发出热量。卵便是依靠阳光的热量和草散发出的热量进行孵化的。在卵尚未卵化出来的时候，鳄鱼妈妈会常常守卫在卵的旁边。

等到两个多月之后，小扬子鳄便被孵出来。孵出来的小扬子鳄会发出叫声，鳄鱼妈妈听到叫声，就会马上扒开小扬子鳄身上覆盖着的草，并帮助小扬子鳄爬出巢穴，把它们引进水池里。

会装死的棋斑水游蛇

　　在自然界当中,有很多动物为了保护自己,练就了各种各样的绝技,这些绝技,足以让它们在遇到生死危机的时候,逃过大劫。

　　有一种蛇叫棋斑水游蛇,它体内没有毒液,但是为了保护好自己,它练就了一门独门绝技:装死!如果有强大的敌人靠近它,它又来不及逃走,就会躺在地上伪装得像是真死了一般,依靠假死来欺骗敌人。另外,为了让敌人更加相信它是"真死",就会从排泄的泄殖腔内释放出一种强烈的异味,让敌人闻到这种难闻的气味就不想靠近。敌人远远地看过去,发现它是一条"死蛇",就不会找它的麻烦了。

敌人

　　棋斑水游蛇属新蛇科水游蛇属。它们主要生活在欧洲和亚洲地区，这一地区，棋斑水游蛇分布足迹较广，几乎在很多国家都能看到它们四处活动的身影，比如中国、巴基斯坦、以色列、埃及、伊拉克、德国、瑞士、奥地利、法国、比利时、克罗地亚、斯洛文尼亚、波斯尼亚黑塞哥维那、黑山共和国、马其顿共和国、塞尔维亚、意大利、捷克、

082

阿尔巴尼亚、罗马尼亚、保加利亚、匈牙利、土耳其、希腊、塞浦路斯、阿富汗、俄罗斯、亚美尼亚、乌克兰、阿塞拜疆、格鲁吉亚、哈萨克斯坦、土库曼斯坦、塔吉克斯坦、乌兹别克斯坦、吉尔吉斯、约旦、叙利亚及也门等国家。

通常而言，自然界的动物，普遍是雄性身材高大，棋斑水游蛇也不例外，雄性最长的可达 1~1.3 米，身体的颜色大多是灰绿色、褐色或近似黑色的，背部还长有黑点状的斑纹，腹部为黄色或橙色，同时还长有很多黑色的斑点，看上去像是一粒骰子，所以也有人叫它"骰子蛇"。

这种蛇喜欢生活在河流和湖畔的一些地方，、那里能方便它们捕食。它们主要的食物来源于水中的鱼类动物。除此之外，它们还会抓捕一些两栖类动物，比如青蛙、蟾蜍等，这些都是它们的最爱。

每年的 3~5 月是棋斑水游蛇的繁殖期，在繁殖期的时候，它们喜欢成群地聚集在一起，然后互相选择对象，看对眼了，就会跟着对方走。到了 7 月份的时候，它们就该产卵了，每次可以产下 10~30 个卵。两个月之后，大约在 9 月份的时候，卵便可以孵化出幼蛇。

进入秋季，棋斑水游蛇就该躲进接近水源且又比较干爽的洞穴中开始它的冬眠生活了。直到来年的 4 月，它才会苏醒，冬眠时间长达半年之久。

会飞的天堂金花蛇

如果看到一种蛇在空中飞行，会不会是一件很可怕的事情呢？但是，在东南亚的雨林中就能看到一种飞蛇，它的名字就叫：天堂金花蛇。它可以从一棵大树飞行到另一棵大树上。

天堂金花蛇起飞前，先将自己的身体垂得低低的，左右晃动着脑袋，扫视着将要降落的地点，这些算是飞行前的准备。等到天堂金花蛇真要飞行的时候，它就会抬起身体，松开缠绕着树枝的尾巴，使自己弹出去。此刻，在空中飞行的天堂金花蛇会把肋骨伸展开，身体的宽度马上就会加倍，身体由圆柱形变得像一条宽宽的丝带。丝带般的身体，依靠空气的浮力，有助于它的飞行。

弹出去的天堂金花蛇会选择以陡直的角度下落 1.5~3 米，使下落的身体获得一定的速度。随后，它会以每秒 9 米的速度在空中飞行。在所有的飞行蛇当中，天堂金花蛇是飞行速度最快的一种。在飞行中，从侧面看，蛇的脑袋像是静止的，但是如果从不同的角度观察，你会发现，其实它的脑袋在前前后后不停地晃动着。

天堂金花蛇主要生活在森林和花园中，每天都栖息在树上，如

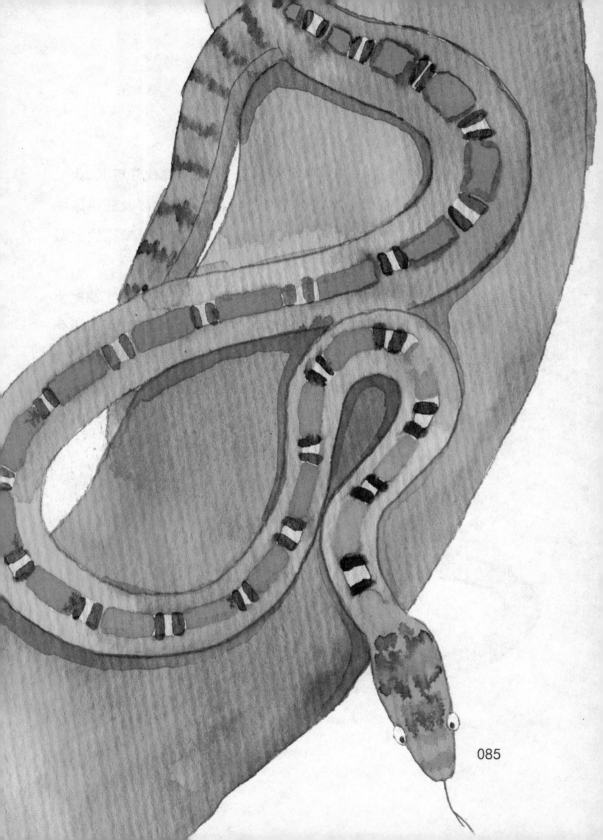

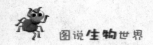　

果遇到危险的时候,就会立刻飞行到地面上。它身体比较细长,大概在 1~1.2 米之间,身体上覆盖黑色、绿色、橙色、黄色以及红色区块的斑点,头部又长又扁,缀有条纹,长着一双有着圆形瞳孔的大眼睛。

它喜欢吃的动物有小型的哺乳类、鸟类和小蜥蜴。为了捕捉食物,它常常穿梭在枝叶茂密的树冠层中。它体内含有毒液,可以毒死一只壁虎,但是对人类的危害不大。它的身体十分有力,在捕捉动物的时候,经常将用身体将动物缠绕,然后将它们活活勒死。

吞石头的尼罗鳄

　　生物学家在尼罗鳄的胃中发现了很多石块,才知道尼罗鳄原来喜欢吃石块。石块既不能消化,也没有什么营养,尼罗鳄为什么要吞石块呢? 原来尼罗鳄吞食石块是有道理的。这些吞进去的石块不但可以帮助它磨碎吃进去的猎物的骨头, 还能够作为它的压舱物,有助于它更好地潜入水底,并在水底保持平衡。

　　尼罗鳄,又名非洲鳄,顾名思义,即产于尼罗河地区的鳄鱼。它们主要生活在非洲的尼罗河流域以及东南部的埃及、安哥拉、埃塞俄比亚、赤道几内亚、刚果和苏丹等国家。

　　尼罗鳄属于一种大型的鳄鱼,身长在 2~5.5 米之间,上颌齿有 13 或 14 颗,颌齿有 14 或 15 颗,总数达 64~68 颗。幼小的尼罗鳄身体为黄褐色,身体和尾部有横带纹。成年后的尼罗鳄的身体为橄榄绿色至咖啡色,并带有暗淡的横带纹,尾巴强健有力,有助于它在水里游泳。它也会打洞,常常用吻部和脚在沙质岸上挖洞穴,洞穴一般深有 50 厘米。

　　在幼小的时候,尼罗鳄常常吃无脊椎动物、小型脊椎动物和昆

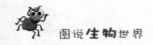

虫。长大以后,它常常会捕食羚羊、河马和水牛等大型脊椎动物。

尼罗鳄的身价很高,因为它全身都是宝。它的皮可以制作成高级革制品;它的肉因为含有低密度的胆固醇,而成为高档的肉食食品,不但味道鲜美,而且营养丰富;它的血液更是值钱,素有"软黄金"之称。与此同时,尼罗鳄也成为了一些旅游景点很受欢迎的大型观赏动物。旅游景点会将尼罗鳄请到他们的景区,让游客瞧瞧它们长什么样子,有时候还让游客观看它们的表演。

不过在几个主产区的国家,政府已经把尼罗鳄纳入受保护的动物物种行列,严禁捕猎和进行国际间的走私与贸易。

死后仍会咬人的响尾蛇

响尾蛇的名字是怎么来的呢?原来是因为在它多次身体蜕皮之后,尾巴的末端会留有一串角质环,当遇到敌人或者剧烈运动的时候,会以每秒 40~60 次的速度摆动尾巴上的环,环就会发出响亮的声音,使敌人不敢靠近,所以就给它起名:响尾蛇。它的响声除了警告敌人不要靠近,还可以诱捕一些小动物。

响尾蛇活着的时候让人害怕,死了之后依然让人害怕。在响尾蛇死后的一个小时内,它仍然可以袭击靠近它的人类或动物。

响尾蛇死后为什么还能袭击人呢? 为了弄明白这个问题,生物学家对响尾蛇进行了一番仔细的研究。

生物学家惊奇地发现,响尾蛇在咬噬行为上有一种条件反射能力,而这种能力不受大脑的指挥。即便是在它死后,甚至是将它的头部切除,它仍然有咬噬的能力。

这种咬噬的能力和它头部的一种特殊的器官是分不开的。这种特殊的器官在响尾蛇活着的时候可以利用红外线感应附近动物身体内散发的热量,并作出攻击行为。在响尾蛇死去之后,只要它头部

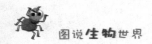

的红外线感应器官组织依然尚未腐烂或遭到破坏,这些红外线感应器官就可以感应到动物体内散发的热量。在响尾蛇死去一个小时之后,它还能探测出附近 15 厘米以内动物发出的热能,然后做出袭

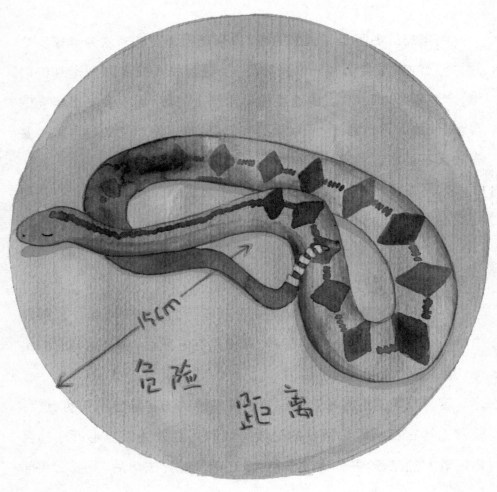

击的行为。

响尾蛇的毒性很强，而且属于混合型蛇毒。如果谁一不小心被响尾蛇咬到了，马上就会有一种特别刺痛且灼热的感觉，随后会在几个小时，甚至几分钟内晕倒。等醒过来的时候，会发现受伤部位变得肿胀，呈现紫黑色，身体也会感觉加重，体温升高，并产生幻觉，眼前的所有物体看上去都是一种颜色：褐红色或酱紫色。响尾蛇的蛇毒进入人体后，将会产生一种酶，导致肌肉瞬间腐烂，同时破坏神经纤维，严重时，可使脑死亡。

响尾蛇属于蝮蛇科的蛇类，它们主要分布在南美洲和北美洲地区的草原、灌木林或者干旱地带。通常它们身长在 1.5～2 米之间，眼睛和鼻子间有颊窝，长有一个红外线感应器官，能够灵敏地感受到其他动物身上散发出的热能，可以用来探测敌人和猎物的位置，并且判断准确。

响尾蛇喜欢白天躲在老鼠洞里，或将自己埋藏在灌木下，所以很难发现它的踪迹。夜晚的时候，它开始出来觅食。响尾蛇属于肉食性的蛇类，一般以老鼠、野兔和蜥蜴为食，有时候也会吃其他种类的蛇和小鸟。

还有一个特点值得一提，响尾蛇既怕热，又怕冷。因此，在天气炎热的时候，它喜欢躲在地洞里避暑；在天气变冷的时候，它就会选

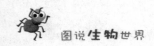

择躲在石头裂缝中开始冬眠。而且它不喜欢独处，常常有很多条响尾蛇，扎堆聚集在一起冬眠。

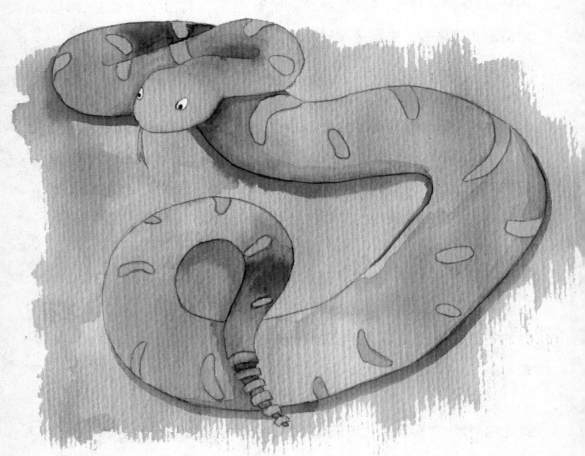

以绝食闻名的白头蝰

　　曾有一些欧美国家的生物学家希望能够进口一些白头蝰进行研究，但是，当他们把白头蝰带回去之后，发现它们不吃也不喝，最后都绝食而死。生物学家看着不远千里万里带回去的全部都是白头蝰的尸体，不禁扼腕叹息。好吃好喝好住地招待它们，它们为什么还会绝食呢？

　　对于白头蝰绝食的行为，爬行学界的生物学家众说纷纭。一部分生物学家认为，如果将白头蝰移到低海拔而且温度比较高的地方，容易导致白头蝰的内脏器官受到损伤，无法进食，就会表现出绝食的症状。另一部分生物学家认为，白头蝰对食物比较挑剔，在自然界里生活的时候，它主要喜欢吃鼩鼱，而无法吃其他的啮齿类动物，所以，它也会绝食。

　　但是，聪明的人类还是想出了办法让它进食。在俄国，有生物学家就成功地喂养了白头蝰，并让它成功繁殖了。我们相信，以后还会有更多喜欢绝食的白头蝰会乖乖地张开嘴吃饭的！

　　白头蝰还有一个名字，叫：白缺蝰，主要生活在缅甸、越南以及

中国等地。其常常出现在路边、稻田旁、麦田草堆下、山区草地以及山区里,这些地方的海拔范围通常在 100～2220 米间。它的身长在60～80 厘米之间, 头部和颈背为淡黄白色, 而且还有深褐色的斑纹,身体背部为黑褐色,躯干为圆柱形。它的牙齿有毒,如果被咬伤的话,伤口会肿胀,并伴随着剧烈的疼痛,还会流出少量的血液,头部则会晕眩,视力变得模糊,还吃不下饭。

绝食!!

会辨别主人的长颈龟

长颈龟之所以出名，是因为它长着一个长长的脖子，这长长的脖子很招人喜爱。实际上更招人喜爱的是因为它很好驯服，并且能够识别出饲养它的主人。如果你想饲养长颈龟，只需要喂养一到两个月，它就会认识你了。

因此，很多人都把长颈龟当做一种宠物来养。

长颈龟隶属于龟鳖目蛇颈龟科长颈龟属，原产于澳大利亚，喜欢生活在沼泽、湖泊、缓慢河流等淡水区域里。由于长颈龟的长相与古时候的蛇颈龙非常相似，所以人们又给它取名叫"蛇颈龟"。

长颈龟的头很小，背甲和腹甲呈宽圆形状，它的四肢上都长有蹼。由于长颈龟体积较小，它的甲长一般在 15~25 厘米之间。长颈龟有很多种颜色的，背部多为黑色、棕色或暗棕色，背甲的外缘和腹甲的鳞缝是黑色的，眼虹膜为黄色。

由于长颈龟四肢上长有很肥大的蹼，因此，它堪称"龟界"的一名游泳健将，常常潜入水底捕食一些小鱼、小虾、泥鳅、蝌蚪以及一些软体动物等。

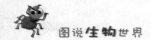

　　长颈龟属于全水栖龟类,大多数时间都生活在水里,很少上岸生活。但是,也会有例外,比如到了夏季,长颈龟需要产卵的时候,它会来到岸上。它会在岸边挖上一个洞穴,将卵产在洞穴之中,它一次大约可以产下 12 枚卵。孵化出来的小长颈龟需要经过 7~10 年才会成熟。

　　值得一提的是,长颈龟的寿命并不像它的脖子那样长,通常情况下,长颈龟的平均寿命在 50 年左右。

会"撑伞"的伞蜥

伞蜥，这种爬行动物的名字的由来和它的行为有着密切的关系，当有敌人想要向它发动进攻的时候，它就会像撑开伞一样，撑开自己的脖子上的伞状领圈皮膜，这种伞状领圈皮膜色泽比较光亮，可以吓退前来侵犯它的敌人。

伞蜥属飞蜥科斗篷蜥属的一种蜥蜴，主要生活在澳大利亚北部以及新几内亚南部的干燥草原、灌木丛及树林地带。

伞蜥的体色有很多种，其中最主要的有茶色、棕色、灰色和黑色四种。它的尾巴又细又长，占了身体的三分之二，雄性伞蜥比雌性伞蜥在身体上要大很多。

伞蜥属于杂食性动物，它们有的以肉食为主，比如蟋蟀、蟑螂、黄粉虫以及小老鼠等食物，有时还会对比它体型更小的蜥蜴种类发起攻击，并以其为食；有的伞蜥以植食性为主，比如青菜、水果和豆类等。

伞蜥繁殖的季节一般会选在春末夏初，它的繁殖比较独特，因为雄性伞蜥的精子可以在雌性伞蜥的体内保存很多年，雌雄交配一

次，雌性伞蜥可以在以后的数年内在不交配的情况下产生出受精卵，伞蜥会将自己产出的受精卵藏在隐秘而温暖潮湿的地方，一次能够产出一枚到几十枚不等，卵大多都是长椭圆形的。卵孵出来大概需要一个半月的时间。

伞蜥看起来还是一种比较好玩、性格温和的蜥蜴，因为在它活动的时候，它常常会将自己前面的两条腿抬起，用后面的两条腿来站立行走。

不过，伞蜥也有个坏毛病，就是同类之间会打斗，甚至把对方弄伤。

除了好斗外，伞蜥还是一种喜欢爬高的动物，它们比较喜欢在树干上走来走去，有时还会选择在树干上休息。

会"缩骨大法"的海鬣蜥

美国一个生态学家发现了一件怪事,他发现海鬣蜥的身体每年似乎都在变化。于是,他带着疑问给海鬣蜥做了一个检测,发现事实确实如此,这种叫海鬣蜥的家伙有时候身体越长越小,不过,在不久之后,它的身体还会越长越大。

它为何要练"缩骨大法",又是如何练成"缩骨大法"的呢?其实,这和海鬣蜥生活的环境息息相关。

海鬣蜥所生活的岛屿上,会经常发生"厄尔尼诺"现象,"厄尔尼诺"现象经常引发暴雨,在寒流和上升流相互干扰的情况下,容易造成海洋温度升高,温度升高就会导致海鬣蜥喜欢吃的绿色藻类和红色藻类无法生存。虽然褐色藻类还可以生存,但是,这不是海鬣蜥喜欢吃的食物,没有了海鬣蜥爱吃的食物,它的骨头就会自动缩小。待灾难过去之后,海鬣蜥喜欢吃的食物又会重新生长得很繁茂,海鬣蜥吃得多了,身体就会继续生长,恢复到以前的样子,甚至比以前长得更大。

生态学家发现了海鬣蜥会"缩骨大法",但是它如何进行收缩骨骼的绝技还没有被揭秘出来。

于是,生物学家就大胆地推测,骨骼吸收即便不是全部原因,也是收缩的主要原因。生态学家还推测,食物的充足与否都可能引发导致骨骼的生长或退化的荷尔蒙释放出来。

不过,一些研究人员认为,压缩可能是导致海鬣蜥身体不断变化的原因。位于脊椎骨之间的椎间组织由软骨和流体构成,比骨头还要柔软,很容易被压缩。

海鬣蜥体长 25~60 厘米,最长可达 150 厘米,头部长有瘤状突起,眼睛和鼻孔之间长有盐腺,是海鬣蜥储藏进食时吃进去的盐分,盐腺会定时排除多余的盐分。

在所有的蜥蜴当中,海鬣蜥是世界上唯一能够在海洋里生活的蜥蜴,它能像鱼类一样在海洋里自由自在地游来游去,并在海水中寻找食物。它饿了就吃海藻和其他水生植物,渴了就喝海水。它在海里活动比较灵活,但是一到陆地上,就会变得极其笨拙。其他动物见它行动缓慢,就想欺负它,而海鬣蜥为了不被欺负,就会摆出一副很凶恶的样子,让别人不敢来犯。

别看海鬣蜥喜欢生活在海水里,但是,它对于阳光的依赖性却是很强的。只有在陆地上获得很高的体温之后,它才会潜入到冰冷的海水里去觅食。觅食之后,它又会继续晒太阳来补充体温,就这样,反反复复。它深色的皮肤对它吸收外界的热量提供了很大的帮助。

海鬣蜥可以控制自己的心跳,在潜入海底的时候,它的心跳就会变慢,如果升到海面上的时候,它的心跳就会加速。有了这种绝技,海鬣蜥可以更好地保护自己。如果在海洋中遇到鲨鱼等大型的凶猛海兽,它就会停止心跳,使敌人不会轻易地发现它。我们都知道,人类停止心跳只有一种可能,那就是他已经死亡,但是,海鬣蜥却可以停止心跳 45 分钟之久,实在是让人惊叹不已啊!其实,海鬣蜥还是很聪明的,当其他动物遇到危险的时候会对同类发出警报的声音,而海鬣蜥却可以识别出这种警报,然后迅速逃跑。

 千奇百怪的爬行动物

关键词：喙头蜥、短吻鳄、象龟、密西西比鳄、双头蛇、毒蜥、巴西红耳龟、绿鬣蜥、快步麻蜥、鳄蜥

导　读：这是一组千奇百怪的爬行动物，它们有的长相奇怪，有的行为奇怪，有的饮食奇怪，当然所有的这些奇怪，都是它们在长期的进化过程中形成的。

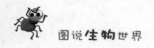

长三只眼的喙头蜥

在新西兰，人们惊奇地发现了一种长着三只眼睛的"怪物"，在它两只正常眼睛的中间，还长着一只松果眼，有人把这只眼称为"天眼"。什么是松果眼呢？松果眼其实就是我们常说的第三只眼。生物学家在古代动物的头骨上发现了一个洞，后来证实，这个洞其实就是第三只眼的眼眶。他们推测，不论是飞禽走兽，还是人类的祖先，曾经都长有第三只眼。只是随着后来的不断进化，第三只眼逐渐地从颅骨转移到大脑内了。而在新西兰发现的这只"三眼怪"的第三只眼却没有进化到大脑内，还可以自由地闭合。这种"三眼怪"到底是何方神圣呢？原来它叫喙头蜥。

喙头蜥是一种比较古老的爬行动物，在三叠纪初期的时候就出世了。它属于喙头蜥目大家族的成员。但是，随着时间的推移，喙头蜥目大家族的其他成员都灭绝了，只有喙头蜥坚强地存活到现在，所以被人类称为"活化石"。

喙头蜥是新西兰特有的物种，主要生活在北部沿海的少数小岛上，形似大蜥蜴，身长50~80厘米，体重2千克，全身都是橄榄棕色,背部长有颗粒状鳞片,在鳞片中央有一黄色点,背部和腹部的皮褶处长有大鳞片。

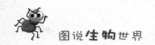

　　啄头蜥大多都居住在海鸟建筑的地下洞穴中,有时候还会吃海鸟的卵或小海鸟,但是,它主要喜欢吃的食物是昆虫、蠕虫和一些软体动物。它喜欢夜间出来活动,在低温的情况下比其他的爬行动物活跃很多。

　　啄头蜥产卵的时候,不会选择在自己居住的洞穴,而是跑到沙滩上的浅穴进行产卵,每次能够产下 10 枚左右,产完之后,就会将浅穴填平。卵并不是被啄头蜥孵化的,而是依靠阳光来孵化。在沙穴之中的卵,经过 13 个月的阳光照射,就会孵化出幼小的啄头蜥。

眼睛会发光的短吻鳄

曾有个生物学家在夜晚的野外行走，发现树林中有很大的响动，他马上拿起手电筒朝着响动的地方照射过去，发现那里有一条庞然大物。然后，他用手电筒照射到庞然大物，他惊奇地发现，用灯光照射的怪物的眼睛能够发出红光。他十分害怕，马上转身就跑。

后来，这位生物学家得知，这种庞然大物原来就是短吻鳄。短吻鳄的眼睛只有在灯光下才会发光，体积不一样大的短吻鳄发出的光也有所不同，较大的短吻鳄发出的光为红色，较小的短吻鳄发出的光为绿色。生物学家根据短吻鳄眼睛会发光的原理，常常在夜晚拿着灯，去寻找短吻鳄。

短吻鳄长着一张宽大的嘴巴，体色大多数为深色，接近黑色，生活所接触的水也会对它的体色产生影响。如果是生活在藻类植物的水中，它的身体就会变成绿色；如果水中含有一种叫单宁酸的化合物，短吻鳄的体色就会变成深色。它还有一条粗壮的尾巴，不但可以用来对付敌人，还可以用来在水中游泳。

目前，只有中国和美国才生长有短吻鳄。美国短吻鳄又叫密河

107

鳄；中国短吻鳄即扬子鳄。

美国短吻鳄体长大约有 1.8~3.7 米，最长可达 5.8 米。中国短吻鳄比美国短吻鳄小许多，体长一般不会超过 1.5 米。

短吻鳄喜欢生活在河流湖泊的附近，幼小的短吻鳄经常吃昆虫和蜗牛，成年的短吻鳄主要以鱼、鸟类和小型的哺乳动物为食，如果遇到鹿和牛，它也会把它们吃掉。在捕食像牛一类的大型动物的时候，它会拼尽全力将猎物拖进水里，让水把猎物淹死，然后一口将猎物吞进肚子里。如果遇到一口不能吞进去的猎物，它就会不停地旋转猎物的尸体，直到将猎物撕成碎块，然后再一块一块地吞进肚子里。

雄性短吻鳄的领土意识比较强，如果有其他的鳄鱼

胆敢侵犯它的地盘,它就会向来犯者发动进攻。一般情况下,短吻鳄不会主动攻击人类,相反还会见了人类就跑,它们还是害怕人类的。

但是,为什么现在因为受到短吻鳄的攻击而死亡的人数却在不断地增加呢?

其主要原因是因为人类进入了它的地盘,引起了它的愤怒,所以它才对人类发动攻击。别看短吻鳄身体笨重,平常走起路来十分缓慢,但是,它可以以每小时48千米的速度进行短距离冲刺,追上一个人对它来说也算不上难事。所以,为了生命安全,最好还是不要去招惹短吻鳄。

龟壳可以做婴儿摇篮的象龟

相信很多人都见过乌龟吧？它们的龟壳像是一个圆圆的帽子。大多数乌龟的龟壳都很少，但是有一种乌龟的龟壳完全可以拿来做婴儿的摇篮。这种乌龟就叫象龟。当地人常常拿象龟的龟壳当做婴儿的摇篮来用。

既然象龟的龟壳能够拿来当做摇篮来用，那象龟的龟壳一定很大了，到底有多大呢？我们先来看看象龟有多大吧！象龟堪称是世界上最大的陆龟，它的体长可达 1.8 米，和一个身高 1.8 米的成年人一样长，它的龟壳长的可以达到 1.5 米，中间高高地隆起，拿来当婴儿的摇篮简直是绰绰有余。

象龟的名字又是怎么来的呢？

原来，象龟有着四条粗腿，它的粗腿长得很像大象的腿，所以大家就叫它象龟。它长着一颗大头和一个长长的脖子，高高隆起的龟壳、四条粗壮的腿、头以及尾巴都是青黑色，皮肤有些松皱，体重可达 375 千克。它的寿命也十分长，可以活到三四百岁。

象龟主要生活在非洲、美洲、亚洲以及大洋洲的一些岛屿地区，常常栖息于这些地区的沼泽或草地里。有时由于天气干旱，这些象龟会在多雾的山顶地区生活，并从雾中获取水分。

象龟主要以仙人掌、野果和青草为食。它最喜欢吃的食物当属多汁的绿色仙人掌,据数据显示,它每天可以吃 10 千克以上的仙人掌,可见它的食量之大。

大食量对象龟有很大的好处,它可以把食物储藏在体内,即便很长的时间内不吃不喝,它也不会被饿死。虽然象龟生活在海岛上,但是它喜欢喝淡水。为了喝一口淡水,它有时需要爬行好几千米。

象龟爬行速度实在是太慢了,但是,象龟很聪明,它好不容易爬

到千米之外找到淡水了,在它返回到海岛上的时候,它会将一些淡水储藏到它的膀胱里,等到口渴的时候,它就会将膀胱里的水拿出来解渴。当地人发现了象龟的这种秘密,当他们那里缺水的时候,他们就会将象龟膀胱里的水放出来饮用。

象龟喜欢居住在树荫下,如果遇到雾蒙蒙的雨季,象龟就会从山上爬下来享受阴凉的天气;如果天气比较干燥,它就会寻找雾蒙蒙的山岭居住。它驮着庞大的贝壳一天能走多远呢?其实也不远,只有 6 千米,普通人走路一般用不了一个小时,而象龟却需要一天。

象龟的力气很大,即便是两个人站在它的龟壳上面,它也能照样驮着人往前走。

令人遗憾的是,由于象龟的肉质鲜美,很多人捕捉象龟食用,导致了它的数量急剧下降,几近灭绝。所以,还请大家伸出援助之手,保护可爱的象龟。

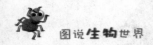

用眼神交流的密西西比鳄

　　我们人类有时候不方便用嘴说的话,会用眼神告诉对方,这种用眼神交流的方式,在动物当中恐怕不多见。但是,有人发现有一种叫密西西比鳄的鳄鱼也会用眼神和同类进行交流。只要一方用眼睛示意一下,另一方就能明白它的意思。除了用眼神交流之外,它们还会用声音交流。

　　密西西比鳄名字的由来和它的出生地是分不开的,因为它出生在密西西比河流域。

　　密西西比鳄的体型庞大,其体长可以达到 3～4 米,体重可以达到 70～100 千克。头部很宽,吻部钝圆,吻端有一对可以自由闭合的外鼻孔,眼睛很大,口中长着像锯一样锋利的牙齿,面部整体看起来像是挖土用的铁锹,脖子很细,身体为黑色,并带有一些浅黄色的斑纹,在皮肤上覆盖着角质鳞片和骨板,像是身披一身盔甲的“大将军”。

　　密西西比鳄多栖息于河流湖泊地带,喜欢在河流湖泊中游泳,绝对称得上是游泳高手。当它游泳的时候,就会将四肢贴在身上,然后用它那粗壮的尾巴划水。它的眼睛上长有上下眼睑和薄而透明的瞬膜,当它潜入水中的时候,它就会将瞬膜闭合,而瞬膜就像是一个防护眼镜一样,可以使密西西比鳄在水中清晰地看到水中的一切。在水中,它喜欢捕食梭鱼、鲇鱼等鱼类。

　　在陆地上,它喜欢捕食一些毫无防备的负鼠和一些小鸟。为什么说"毫无防备的负鼠和小鸟"呢?因为负鼠和小鸟如果发现密西西比鳄之后,就会快速逃跑,而密西西比鳄并不一定能够追上它们,所以只能用偷袭的方法捕获它们。像牛和鹿等大型动物在河边饮水的时候,也会成为密西西比鳄的美餐。

　　在捕捉大型陆生动物的时候,很多鳄鱼都喜欢用粗壮的尾巴来袭击猎物,但是,密西西比鳄却是用它那强健有力的爪子来对付猎

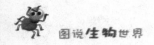

物。当它和猎物搏斗的时候,它就会剧烈地晃动着头部,尾巴就可以起到稳定身体的作用。

　　密西西比鳄在吃食物的时候,也喜欢狼吞虎咽。虽然密西西比

鳄的牙齿还算锋利,但是,也不是任何猎物的皮它都能撕破。遇到这种情况怎么办呢? 它会选择藏将猎物藏在水底,等猎物的尸体腐烂变软之后再进食。腐烂之后的动物尸体会招来其他的密西西比鳄前来争夺食物。但是,自己辛辛苦苦捕捉来的食物,它又怎么甘心拱手相让给别人呢! 为了保护自己的食物,它和同类之间免不了一场恶战。

密西西比鳄属于冷血动物,它的体温会随着外界环境的变化而变化,为了保持身体的温度,它常常喜欢晒晒太阳,并以此来保持身体的温度。在冬季的时候,它更加害怕寒冷,因此,它会躲在自己挖好的隧道或洞穴之中冬眠。成千上万的蚊子喜欢在它的洞穴之中进行繁殖。密西西比鳄也不反对蚊子在它的洞穴之中繁殖,因为它也喜欢吃这些蚊子,而在它洞中进行繁殖,简直是送上门来的美餐。

到了每年的夏季, 密西西比鳄就会变得异常的活跃和喧闹,时不时地能听到它们吼叫的声音。原来这是到了它们的繁殖期。我们都知道,从肛门排出来的东西大多都很难闻,不过,从密西西比鳄肛门排出来的东西却带有一种麝香的味道,这种麝香的味道和它的声音一样,都能吸引异性的注意。

有时候,雄性密西西比鳄发现自己周围没有雌性的话,它会不远千里万里地穿过沼泽去寻找雌性。找到雌性之后,就会进行交配,

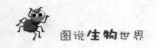

并在隐秘的树丛中用一些枯草和芦苇等植物建造一个温馨的巢穴，产下 15~83 枚卵。

密西西比鳄的卵呈白色，和鸭蛋有几分相似。卵不必依靠密西西比鳄爸爸妈妈进行孵化，在自然常温下，两到三个月卵就能孵化出密西西比鳄幼崽。幼小的密西西比鳄在卵壳中会用坚硬的牙齿咬破卵壳钻出来。此时，小密西西比鳄的身上还会包有一种膜，它们的妈妈会帮它们取下，然后将它们带入水中，教它们捕食小鱼。

刚孵化出来的小密西西比鳄的好奇心很强，常常喜欢玩弄一些比它们小的动物，只要遇到小型的动物，它们就会扑上去玩弄一番。

这些小家伙最爱吃的就是甜食，在它们生活的地区，有一种带有甜味的植物叫药蜀葵，成为小密西西比鳄的"最爱美食"。

在刚出生的一年里，它们生长的速度极快，一年可以长到身体的两倍。到两岁的时候，就可以跟随爸爸妈妈一起去捕捉猎物了。

你知道密西西比鳄的性别是依靠什么决定的吗？我们人类的性别是由染色体决定的，而密西西比鳄的性别竟然是根据孵化时的温度来决定的。温度高的时候，孵化出的卵就是雄性，温度低的时候，孵出来的就是雌性。巢穴中的温度会比巢穴两边的温度高，所以，在巢穴中间的卵孵出来之后就是雄性密西西比鳄，在巢穴周围的卵孵出来之后就变成了雌性。

长两个头的双头蛇

　　双头蛇,又叫两头蛇。造成蛇长两个头的原因,在生物学的解释是由于基因受到了污染或在染色体复制或配对过程中产生了错误,所以蛇长出了两个头。

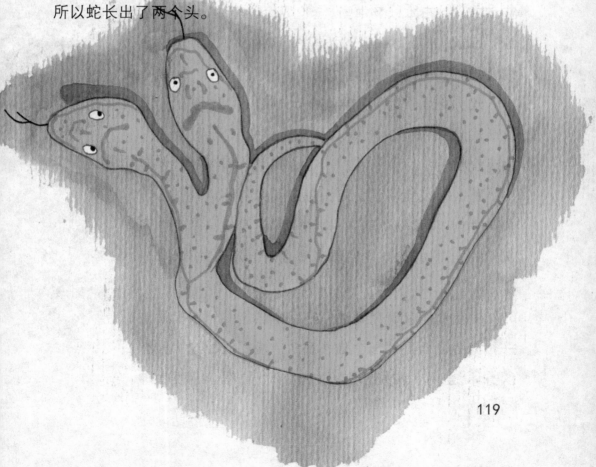

双头蛇属蛇目游蛇科两头蛇属的一种变异种。它们的身体呈圆柱形，头与颈之间区分不明显，眼睛较小，瞳孔呈圆形，背部覆盖着一层光滑的鳞片，尾短且圆钝。双头蛇有时在一端分叉长出两个头，有时在尾部长出一个类似蛇头的形状。

　　双头蛇主要分布在，越南、印度、缅甸、印度尼西亚、菲律宾、日本以及中国。全世界大约有 60 余种双头蛇，我国分布有 3 种，分别是：云南两头蛇、尖尾两头蛇、钝尾两头蛇。

　　双头蛇属于地下穴居动物，主要以泥土里的蚯蚓昆虫、鸟类、蜥蜴以及一些小型哺乳动物为食物。

　　那么有人会问了，双头蛇应该如何行动，如何进食，听那一个脑袋的指挥呢？这真是一个奇妙而有趣的问题，原来这些活动或指令对于双头蛇来说，堪称"两头忙"。

　　据生物学家研究发现，这两个脑袋都可以指挥这一个身体，而且每一个脑袋都希望能够支配这个独有的身体，当两个脑袋想法不一样的时候，很容易发生冲

突与矛盾。

　　比如，一个脑袋想往南走，而另一个脑袋想往北走，它们就会发生冲突。至于吃东西，如果是在食物充足的时候，两个头可以一起吃；如果食物不充足，只能一个头看着，另一个头吃。因此，生物学家认为这种双头蛇在野外将会很难生存，其寿命一般较为短暂。

可以三年不吃东西的毒蜥

　　毒蜥属蜥蜴目毒蜥科唯一的一属。它的身体粗壮尾巴较短,看起来有一点笨拙,不过它的外表却十分华丽,身体颜色呈黄色或橙色,上面还布有一些极具装饰性的暗色网纹。

　　闻其名即可以知道,毒蜥是一种有毒的蜥蜴。古罗马科学家普林尼在百科全书式的科学巨著《自然史》中这样描写毒蜥:

　　它(毒蜥)产于昔兰尼加省,长约12英寸,头部有亮白色斑点,像皇冠。它在面对其他蛇类时毫不惧怕,会发出嘶嘶的威胁声以吓退来敌。它不像蛇那样蜿蜒而行,而是隆起身体中部前行。毒蜥不但可以通过接触还可以通过气息杀死或烧焦草木、击碎岩石,对于其他动物它同样毫不手软,曾经有人骑在马背上用长矛刺杀了一只毒蜥,结果毒素很快沿着长矛传染到那个人的身上,而它的马最后也倒地身亡。尽管这种生物非常致命,但许多国王还是希望能在它死后得到它的标本。毒蜥的毒液是自然界中最毒的一种东西。

　　毒蜥食量大得惊人,特别是在它出来活动的时候。吃得多会不会发胖呢?这个你倒不用担心,因为毒蜥有一种特别的本领,它可以

122

将自己身体内暂时不需要的脂肪一类的东西储存在身体内,而尾巴
是它储存东西的主要"仓库",等到它需要那些储藏的东西的时候,
它就会直接从体内索取,没必要再到处去寻找了。

　　毒蜥体内储存的脂肪可以在体内保存很久，以至于曾经有一个毒蜥在三年不吃不喝的情况下，依然坚强地活了下来。

　　现今，在所有的蜥蜴当中，有毒的蜥蜴已经不多了，其中就有钝尾蜥蜴和珠毒蜥。珠蜥蜴的体长可以达到1米，而钝尾蜥蜴的体长似乎连半米都达不到。

　　这两种毒蜥都长着毒牙。但是，其毒牙只长在下颌，而上颌的牙是没有毒的。

　　毒蜥喜欢吃的食物有小型哺乳动物、鸟类以及爬行动物的卵，它有时甚至也捕食其他蜥蜴。它咬着猎物的时候，常常不会轻易松口，并且用身体紧紧地贴着猎物，然后将毒液从牙齿中注入猎物的身体内。它一般不会用自己的毒液毒死猎物，而是将那些无法逃跑的猎物吃掉。

　　有时候，毒蜥也会咬人，它的毒液可以使伤口肿胀，并让人有种恶心的感觉，但不会致人死亡。

124

生态杀手巴西红耳龟

巴西红耳龟堪称生态杀手，你将它放养在世界任何一个地区，它都能给当地的自然环境造成严重的破坏。因此,世界环境保护组织还将它列入世界上一百多种最具破坏性的物种之一的黑名单。

巴西红耳龟到底是如何对生态环境产生破坏的呢？原来,巴西红耳龟的适应能力极强,繁殖能力也是惊人的,而且还有抗病害的本领。如果你将它放养在世界任何一个角落,它就会与本土的乌龟抢夺食物,而本地的乌龟很少能够抢过巴西红耳龟的,再加上它没有天敌,所以,不久你就会发现满池子里都是巴西红耳龟,这样会威胁到本土乌龟的生存,而且还会破坏生态资源。

巴西红耳龟的头很小,在头和颈部有黄绿相镶的纵条纹,在眼睛后方长着一对红色的斑块,皮肤很粗糙,每块盾片上都长有圆环状绿纹,腹甲为淡黄色,还长有黑色圆环纹,龟壳很薄,很容易被狗和山猫一类的动物给咬破的。巴西红耳龟的性格各不相同,有一些好斗,另一些些却很温和。

巴西红耳龟不喜欢挑食,各种食物都能吃,但是它还是比较喜

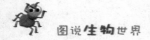
欢吃肉的,像虾、鱼,猪肉、蚌和蜗牛等。它喜欢吃生肉,不喜欢吃熟肉,因为熟肉比较硬。千万别让它吃多了猪肉,因为它会得白眼病或肠胃炎的。那么,红耳龟会不会也吃素菜呢?幼小的红耳龟都是吃肉的,只有成年的红耳龟和老年的红耳龟在饥饿的时候才会吃米饭、菜叶和瓜果等一些素食。不过,在饥饿的情况下,大的红耳龟甚至连小的红耳龟也吃。

很多人喜欢放生乌龟,但是千万不要随意放生巴西红耳龟,因为你的放生,是对其他乌龟的杀生。在放生的地方,它会抢占其他乌龟的地盘,最终致使其他乌龟因生态破坏而死亡。

欺软怕硬的绿鬣蜥

绿鬣蜥属于鬣蜥科的一种蜥蜴,因其全身呈墨绿色或草绿色而得名。它们主要生活在巴拉圭、墨西哥、美国南部等地区的丘陵、森林边缘以及灌木丛中,它们会把自己的居所安在树根、石缝等适合藏身的地方。

极其有意思的是,绿鬣蜥是个欺软怕硬的家伙。当它路遇比自己个头大的绿鬣蜥,它就多长一个心眼,提防着大个头的鬣蜥对其发动进攻。相反,如果绿鬣蜥遇到比它个头小的鬣蜥,它转而"虎虎生风",开始主动恐吓、挑衅那些小个头的鬣蜥。在它的眼睛里看来,凡是比它个头大的动物,可能都是它的敌人,其目的就是想要吃掉它。由此可见,绿鬣蜥算是属于那种很有心计的动物之一了。

除了"欺软怕硬"外,绿鬣蜥还有诸多比较有趣的脾气。比如,它特别喜欢晒太阳。

勤奋早起的绿鬣蜥,不等到太阳出来,就会提前爬到树上等着晒太阳。大约会在树上晒上几个小时之后,才去吃早饭。吃完饭回来继续晒太阳。

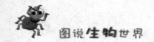

　　为何绿鬣蜥这么喜欢晒太阳呢？原来，晒太阳对它消化食物有很大的帮助——它在消化食物的时候，需要体内的温度升高，才能顺利消化掉吃进肚子里的食物，否则将会产生消化不良的后果。因此，绿鬣蜥直到太阳落山时，才会爬回洞穴中睡觉。

　　那么绿鬣蜥都是吃些什么食物呢？怎么这么不好消化？事实上它吃的食物也容易消化，通常情况下，以植物为主，比如各种植物的叶子、花朵、果实以及嫩芽。而刚出生的小绿鬣蜥则喜欢吃肉，比如蟋蟀、黄粉虫等。

　　还有一点是比较奇怪的，通常情况下绿鬣蜥很少喝水。不喝水的原因是，它不需要那么多的水分补给，再者，它们的食物多以植物为食，里面含有大量的水分。如果到了严重饥渴的时候，绿鬣蜥也会寻找一点树叶上的露珠或水滴来喝。

　　最搞怪的是，到了交配繁殖期，雌性绿鬣蜥总是远远地躲着雄性绿鬣蜥。这时，雄性绿鬣蜥会急匆匆地到处去寻找雌性绿鬣蜥交配。而终归会有一些有本事的雄性绿鬣蜥找到它的意中对象。

　　然后，它们开始度蜜月，度蜜月的地方并不在它们的居所，而是在树干上。怀孕之后的绿鬣蜥妈妈会将自己产下的卵缠在已经挖好的洞穴之中，然后掩埋在土壤中，从此不再理会小绿鬣蜥。所以，刚出生的小绿鬣蜥是没有爸爸妈妈照顾的，只能靠自力更生了。

借别人洞穴逃生的快步麻蜥

快步麻蜥隶属于蜥蜴科麻蜥属的爬行动物，主要生活在哈萨克斯坦、伊朗、阿富汗、巴基斯坦、蒙古和中国等地的荒漠和戈壁地区。因此，生长在我国的快步麻蜥主要在新疆、内蒙、甘肃等多沙漠的区域。

快步麻蜥主要以昆虫为食。它的体色大多为灰色或褐色，而且还有浅色的小点点缀。它的浑身上下还长有鳞片，并且因为位置不同，其鳞片的排列方式也不一样。比如背部的鳞片呈颗粒状，而腹部的鳞片呈方形，尾脊上的鳞片又变成了棱状，而尾巴背面上的鳞片又长成了长方形，并且呈环状排列。也许这是快步麻蜥为了自己的外表更加漂亮和威武吧！

快步麻蜥的繁殖方式为卵生。每年的 6~7 月份，就会产下 2~8 枚卵，其卵为淡黄色。然后便会有新一代的小快步麻蜥出生，来到这个世界上。

快步麻蜥最大的本领就是会逃生。每当有猎物追赶它，并且想要将其当做食物的时候，快步麻蜥就会快速地逃跑。因此它才有了

129

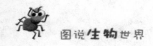

这个"快步麻蜥"的名号。

　　快步麻蜥虽然速度很快,但是,它也会遇到比它速度更快的敌人。那么,当它遇到强劲的敌人的时候,它该怎么办呢?难道束手就擒,任敌人吃掉?这事不可能发生在快步麻蜥的身上,因为它非常机警和聪明。如果有强劲的敌人追捕它的时候,只要是它看到的洞穴,不管是谁的,它都会跑进去,借别人的洞穴躲避敌人。等敌人走了之后,它才会从洞穴中钻出来。

像鳄鱼又像蜥蜴的鳄蜥

鳄蜥长着蜥蜴一样的头,而身体和尾巴却和鳄鱼一样,所以才起名鳄蜥。长得如此奇怪的鳄蜥,到底是属于鳄鱼,还是属于蜥蜴呢?对于这个问题,生物学家意见不一。虽然大家意见不同,但是,生物学家们还是将它划分到蜥蜴的家族当中了。

由于鳄蜥首次发现于位于广西的大瑶山地区,所以它又被称之为"瑶山鳄蜥"。作为中国的特有物种,鳄蜥主要生活在海拔 760 米以下的沟谷中。那里树木茂盛,灌木丛生,岩石和树干的颜色和鳄蜥的体色有很多相似之处,是鳄蜥的主要藏身之地。

鳄蜥只有在早晨和黄昏的时候出来活动,白天喜欢在树上睡大觉,不吃也不喝,晚上变得极其活跃。如果它白天受到惊吓,就会立刻从梦中惊醒,然后直接从树上跳进水里。

鳄蜥体长在 15～30 厘米之间,尾巴长 23 厘米左右,体重有 50～100 克,头部很高,眼睛不大不小,瞳孔为圆形的,瞳孔的周围长着黑色圆圈,并长有上下眼睑和一层透明的瞬膜。嘴很宽大,颌的边缘长有很多细牙。身体为橄榄色,背部和尾巴的端部长有暗色的

131

横纹,腹部为乳白色,边缘还带有粉红色或橘黄色,尾巴上长有鳞片,且带有很多黑色的宽横纹。

　　鳄蜥的脑子比较小,只有花生米那么大,是所有爬行动物中脑子最小的一个种,如果鳄蜥弱智的话,你也不要嘲笑人家,毕竟人家的脑子小,不一定够用嘛。但是,如果你非要嘲笑鳄蜥,那就嘲笑它走路的样子吧,因为它走起路来一摇三晃,看上去十分有趣,会让人

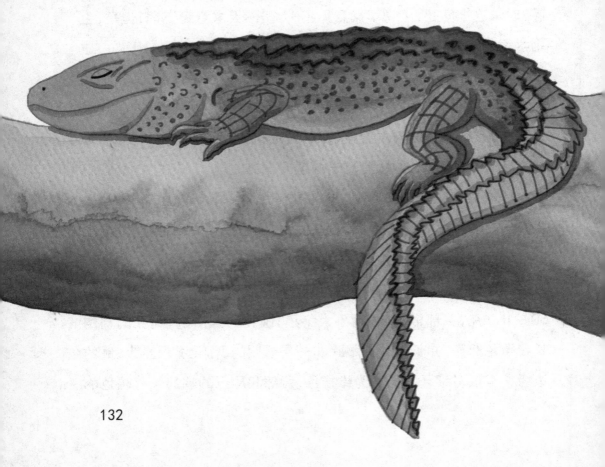

忍不住发笑。也许你会担心，它这一摇三晃的样子，如果遇到敌人了能够逃走吗？请你不用为它担心，因为当它发现有敌情出现的时候，它会撒腿就跑，而且速度很快，不给敌人追上它的机会。

如今，鳄蜥的数量在逐渐变少，大有濒临灭绝的危险。那是什么原因导致了它将要灭绝呢？其中有这几个因素：

首先，鳄蜥的生育能力原本就不是很强，一年只能产一次，每次只能产下 2~8 条幼蜥蜴，而幼蜥蜴有时候还会被成年的鳄蜥吃掉，死亡率一般会占出生率的 80%，也就是说，出生 100 条幼蜥蜴，死亡的就有 80 条，能活下来的才有 20 条。再加上有些雌性鳄蜥患有不孕不育症，导致了它们的自然繁殖率很低。

其次，近些年来，鳄蜥生活的地区，森林遭遇严重过度的采伐，导致这些地区的山溪断流，自然环境被破坏，使得鳄蜥丧失了它生活所需要的环境。因此，很多鳄蜥慢慢地死亡了。

再者，人为捕猎使鳄蜥数量急剧下滑。由于鳄蜥被当作一种药材使用，一些人为了牟取高额利润，进入鳄蜥生活的地区进行捕猎，造成鳄蜥数量减少。

据有关数据显示：目前这一世界级别的珍惜动物存世量并不多，其中在大瑶山地区的鳄蜥仅存 2500 条左右，可见其弥足珍贵。有鉴于此，我国把鳄蜥纳入国家一级重点保护动物的名单之中，在

"中国濒危动物红皮书等级"中，鳄蜥处于濒危等级之列。

　　为了能够使得鳄蜥繁衍生存下去，我国也采取了诸多保护措施和方法，比如严禁捕杀、贩卖鳄蜥，以及建立鳄蜥自然保护区等。在建立鳄蜥自然保护区方面，我国启动了三个鳄蜥自然保护区，它们分别是：大瑶山自然保护区、广东罗坑自然保护区、广东林州顶自然保护区。这些做法对于鳄蜥而言，真是个好消息。

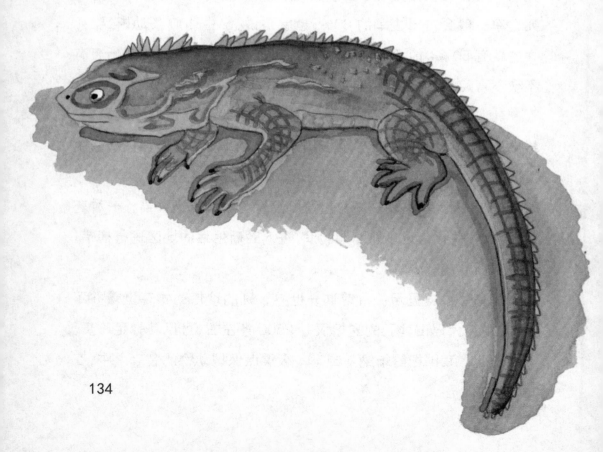

 揭开爬行动物的小秘密

关键词：鳄鱼、蛇、乌龟、蜥蜴

导　　读：鳄鱼吃东西的时候为什么会流泪？蛇类动物为何拿舌头当鼻子用？乌龟为什么能够长寿？蜥蜴为什么要自断尾巴？这些既陌生又感觉熟悉的问题背后，其实都有着一个合乎科学真实的答案。

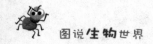

鳄鱼吃东西的时候为什么会流泪

生物学家们惊奇地发现，鳄鱼在吃东西的时候，会一边吃，一边流着眼泪。

鳄鱼为什么会流泪呢？关于这个问题，很多人给出了不同的解答，其中最流行的一种说法是：鳄鱼之所以流眼泪，是因为它依靠流泪来排除体内多余的盐分。这一推论源于海龟、海蛇和海蜥等海上爬行动物的眼眶附近都长着盐腺，而盐腺就像是一个"海水淡化器"，能够排出海水中的盐分，留下淡水，所以人们认为鳄鱼流泪也是为了排除盐分。

同时，更有人指出，由于鳄鱼的肾脏排泄功能不是十分完善，体内多余的盐分无法及时排除，只能依靠一种特殊的盐腺来排除。所以有人就断定鳄鱼的盐腺就长在眼眶附近，这让大多数的人坚信鳄鱼流泪就是为了排除多余的盐分。

事实真的是这样吗？

实际上，鳄鱼通过流泪来排除体内的盐分在当时只是一种猜测，并没有完全得到科学论证。

为了验证鳄鱼是不是真的如猜测的那样，1970年，一些生物学家开始对鳄鱼眼泪中的盐分进行检测，发现在海水中生活过一段时间后的鳄鱼，它的眼泪中含盐量有所增加，这一发现似乎证实了鳄鱼的眼眶有和海龟一样的盐腺。同时，这个实验也证明了鳄鱼眼泪中所含有的盐量，比海龟、海蛇和海蜥等爬行动物的盐腺所分泌的盐量明显低了很多，因此，一些生物学家认为，这也恰恰否定了鳄鱼眼眶中有盐腺的猜测。

生物学家们争论了大概有 11 年，到了 1981 年的时候，澳大利亚悉尼大学的生物学家塔普林和格里格发现了湾鳄的舌头表面能够分泌出一种清澈的液体。于是，他们大胆地推测，鳄鱼的盐腺就藏在舌头上。由于湾鳄舌头上的液体分泌的速度比较慢，很难收集到

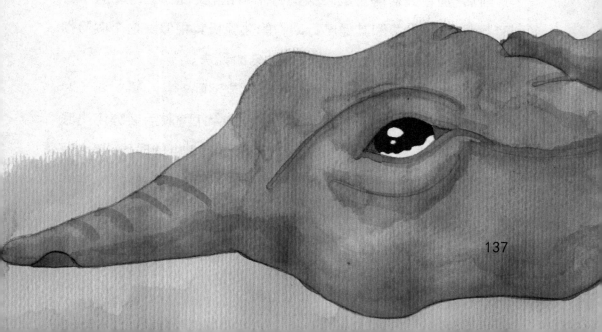

这种液体,无法收集到液体就无法进行研究。

起初,他们给鳄鱼注射盐水试图刺激盐腺的分泌,然后对舌头进行细微观察,但是,他们失败了。他们并没有放弃继续研究的激情,而是坚持不懈,研究到底。最终,他们又想到了一个办法,给鳄鱼注射氯醋甲胆碱。

在此之前,曾经有人给其他的爬行动物注射过氯醋甲胆碱,以刺激盐腺的分泌,他们就照这样的办法给鳄鱼也注射了一定量的氯醋甲胆碱。注射之后,结果正如他们猜测的那样,鳄鱼的舌头上不停地分泌液体,而这种液体所含的盐分比血盐浓度高 3~6 倍。虽然眼泪中的盐分也有所提高,不过只是血盐浓度的 2 倍左右,含盐量远远低于舌头分泌的液体。

随后,他们又对鳄鱼的舌头进行了解剖,在舌头上的黏膜中找到了盐腺,这种盐腺和其他爬行动物的盐腺极其相似。这个实验彻底否定了鳄鱼流泪是为了排除体内盐分的说法。

那么,鳄鱼吃东西的时候到底为什么流泪呢?

原来,鳄鱼在陆地上待的时间长了,就会从瞬膜后面分泌出眼泪。瞬膜是一层比较透明的眼睑,当鳄鱼潜入水中的时候,闭上瞬膜,鳄鱼就能像戴着眼镜的潜水员一样,能够看到水下的物体。当鳄鱼眼睛干涩的时候,瞬膜就会分泌眼泪,滋润眼睛。

把舌头当鼻子用的蛇

当我们看到蛇的时候，总会发现它经常吐着一条鲜红而分叉的蛇信子，这东西就是蛇的舌头。蛇的舌头十分灵敏，总是不停地一伸一缩，看上去让人心惊胆战。难道它是为了保护自己而专门吐舌头吓唬我们的吗？

生物学家研究之后发现，蛇的舌头与其他的动物有所不同。我们人类的舌头可以感觉到各种食物的味道，但是，蛇的舌头却没有味蕾，不能够感受到任何食物的味道。

那蛇长舌头还有什么意义呢？当然，蛇长舌头自然有它的用处了，那就是拿来当鼻子用。

当蛇在吐舌头的时候，舌头就能像鼻孔一样能够接收到空气中的各种化学物质，化学分子就会黏附到蛇潮湿的舌头上，然后，舌头马上又会缩回到空腔中的一对叫"助鼻器"的地方，助鼻器就会能够感应到空气中的气味了。

由于助鼻器在蛇的身体内与外界空气隔绝，不能够直接闻到空气中的气味，必须借助舌头才能把外界的化学物质带进来，然后助

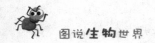

鼻器中的无数感觉细胞就会把接受到的化学物质转变成某些信息，传递到中枢神经，经过中枢神经的综合分析，它就能识别出化学物质的气味了。为了不断地嗅到空气中的味道，所以它就不停地吐信子，并不是真正地想要吓唬我们。

　　既然蛇依靠吐信子可以嗅到空气中的味道，那它长有鼻子吗？其实蛇是长鼻子的，只是鼻子不能起到嗅觉的作用，却可以用来呼吸。鼻子不能闻出空气中的味道，只能拿舌头当鼻子用，这也是蛇的无奈之举吧！

乌龟为什么能够长寿

有句话叫"千年王八万年龟",这句话足以表达甲鱼和乌龟的寿命之长,但是,乌龟真的能活一万年吗?实际上,乌龟根本活不到一万年。一般情况下,乌龟寿命100年左右。当然也有少数的乌龟能活上百甚至千年。

乌龟为什么会长寿呢?乌龟之所以长寿有很多方面的原因。

我们都知道,乌龟身上有一个厚厚的甲壳,这种甲壳除了能够保护乌龟不受敌人的伤害外,还可以减少乌龟体内水分的流失。这些水分在乌龟体内,可以有效地保护乌龟的内脏器官。乌龟走路很慢,这是众所周知的。走得快的动物需要消耗很多的体力,但是乌龟呢,平常走起路来消耗的体力少之又少,也使得它的新陈代谢比较缓慢。在炎热的夏季,乌龟喜欢躲在石洞里进行夏眠,从而减缓心跳和呼吸,躲过炎热天气对它身体造成的不利影响。在冬天来临的时候,乌龟又怕寒冷,就躲起来进行冬眠,长达四个月的冬眠减少了乌龟很多的体能消耗。虽然乌龟夏有夏眠,冬有冬眠,但是,它平常还是个爱睡觉的瞌睡虫,一天至少还要睡上十五六个小时的觉,体能

141

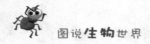

损耗又减少了。

科学家还通过研究乌龟的细胞发现,乌龟细胞分裂的代数比其他动物细胞分裂的代数多很多,人的细胞分裂代数一般是 50 代左右,而乌龟细胞分裂的代数可以达到 110 代左右,也证明了乌龟的寿命可能比人类的寿命多上 2 倍以上。

我们常常能够听到某人得了癌症,人类之所以得癌症,就是因为人体内的癌症细胞被激活所导致的。但是,乌龟却不会得癌症,这是因为乌龟体内压根就没有致癌因素,更不会导致细胞发生癌变了。

有了这么多有利因素,乌龟想不活那么久都难啊!

蜥蜴为什么要自断尾巴

或许大家已经知道壁虎会自断尾巴，但是，你知道吗，蜥蜴的尾巴也可以断掉。

那么，它们为什么要断掉尾巴呢？在什么时候它们才会选择自断尾巴呢？其实，只有遇到危险的时候，为了逃生，它们才会将自己的尾巴断掉，断掉的尾巴还能不停地跳跃。这些跳跃的尾巴就会吸引天敌的注意力，甚至让天敌害怕，进而不敢去追潜逃的蜥蜴。这种断尾的现象在生物学中叫做"自截"。

这种自截现象可以在尾巴上的任何部位发生，而发生的部位在椎体中部的特殊软骨横隔处。这种特殊的软骨横隔构造在尾椎骨骨化过程中形成的。一旦遇到危险，蜥蜴就会强烈收缩尾部的肌肉，导致尾巴的断裂。

不过，即便尾巴断裂了，蜥蜴也不怕，因为它的软骨横隔里的细胞可以不断地分化，长出一条新的尾巴。

或许有人会问，是不是蜥蜴每次断尾都能成功吗？其实，蜥蜴也并不是每次断尾都能够成功的，有时候，它的尾巴虽然断了，但是没有完全断掉。这样一来,断不掉的尾巴还会跟随着它,而它的软骨横隔的伤口处仍然会继续分化,要不了多长时间,另外一条新尾巴就长出来了。这样,这条蜥蜴就有两条尾巴了,这两只尾巴呈现分叉尾的现象。

　　能够断尾求生的蜥蜴有很多种,在中国,壁虎科、蜥蜴科、蛇蜥科和石龙子科的蜥蜴的尾巴都能够自截和再生。

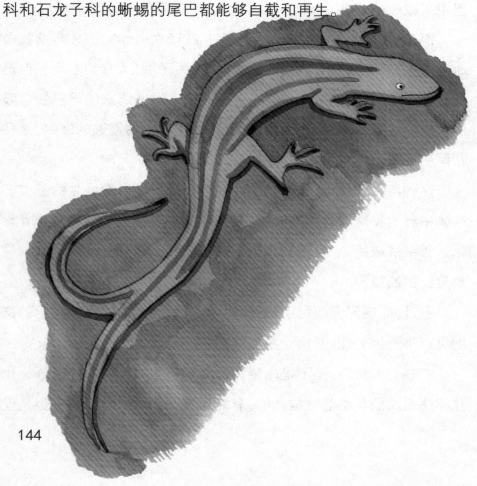